高等院校应用型本科“十三五”规划教材 · 基础课类

大学计算机基础实践教程

Practical Course of University Computer Basis

▶ **主　编**　何友鸣　李　亮　金大卫
▶ **副主编**　童旺宇　宋　洁　张永进

http://www.hustp.com
中国 · 武汉

内容提要

本书是《大学计算机基础》教材的同步辅导书，由八章组成，包括计算机文化基础、Windows 7、Word 2010、Excel 2010 和 PowerPoint 2010，还有计算机网络基础及应用、多媒体技术基础和信息安全等知识内容。每章介绍的内容大致包括本章主要内容、阅读资料（有的章节没有）、习题解答、实验指导等几个部分，全面地对学习内容进行辅导和指导。

本书可作为大专院校各层次非计算机专业学生的辅助教材，也可以作为相应层次的成人教育、职业教育的辅助教材，亦可供计算机知识学习者、爱好者或 IT 行业工程技术人员等学习参考。对于从事计算机学科教育的教师，本书也是一本很好的参考书。

图书在版编目(CIP)数据

大学计算机基础实践教程/何友鸣，李亮，金大卫主编. —武汉：华中科技大学出版社，2014.8
ISBN 978-7-5680-0327-8

Ⅰ.①大… Ⅱ.①何… ②李… ③金… Ⅲ.①电子计算机-高等学校-教材 Ⅳ.①TP3

中国版本图书馆 CIP 数据核字(2014)第 183244 号

大学计算机基础实践教程 何友鸣 李亮 金大卫 主编

策划编辑：曾 光
责任编辑：史永霞
封面设计：龙文装帧
责任校对：马燕红
责任监印：张正林
出版发行：华中科技大学出版社（中国·武汉）
武昌喻家山 邮编：430074 电话：(027)81321915
录 排：华中科技大学惠友文印中心
印 刷：武汉市籍缘印刷厂
开 本：787mm×1092mm 1/16
印 张：11.5
字 数：289 千字
版 次：2017 年 9 月第 1 版第 6 次印刷
定 价：28.00 元

前言 PREFACE

本书是《大学计算机基础》的同步辅导书，在结构上与主教材保持一致，由八章组成；每章在内容上与主教材同步辅助，包括每章的主要内容、阅读资料（有的章节没有）、习题解答、实验指导等部分，有效地对教材内容进行辅导和指导。

“大学计算机基础”是一门实践性很强的课程，要求学生不仅掌握计算机的基础知识与理论，而且在计算机的操作上要达到一定的熟练程度，能够运用计算机解决日常工作中的问题，主要是办公事务的处理。按照教学大纲的要求，为了加强实验教学，提高学生的实际动手能力，我们编写了这本《大学计算机基础实践教程》，力求内容新颖、概念准确、通俗易懂、实用性强，在风格上与主教材完全统一。

本书由何友鸣、李亮、金大卫担任主编，童旺宇、宋洁、张永进担任副主编。参加本书编写工作的还有方辉云、胡仁、刘胜艳、刘阳、韩杰、冯浩、王静、鲁星、何苗、甘霞、徐冬、赵清强、肖莹慧、庄超，以及肖加清、强静仁、马建新、王中婧、郭小清、李俊等。首先要感谢的是中南财经政法大学信息与安全工程学院刘腾红教授、王少波老师和范爱萍老师，以及叶焕卓、阮新新、屈振新、周晓华、丁亚兰、李玲、鲁敏等老师，正是由于这些老师的启发，本书才得以在较短的时间内面世。本书的编写和出版，得到了中南财经政法大学武汉学院的领导和信息系教职工们的大力支持，特别是武汉学院教务处领导和同仁们的支持，在此深表感谢！

本书也注意到高职高专计算机信息技术教材的特点，在编写过程中体现了这一方面的要求，尽力使得教学体系更加完备，有利于提高学生的实际动手能力。

由于水平所限，书中错误和不足之处在所难免，恳请读者提出宝贵意见。最后，由衷地感谢那些支持和帮助我们的所有朋友们！谢谢你们使用和关心本书，并预祝你们教学或学习成功！

编　者

2014年夏日于中南财经政法大学武汉学院

目录

CONTENTS

第1章 计算机文化基础

1.1 本章主要内容

本章为计算机文化基础知识，主要对计算机的发展、特点、应用和分类做了简单的概述，并重点介绍了从 1946 年第一台电子数字积分计算机 ENIAC 诞生起，至今已有近 60 年的历史，已经经历了四代。

本章还介绍计算机中的信息表示方法，包括数字的表示方法、数值的表示方法、字符的表示方法、声音的表示方法和图形图像的表示方法等。计算机采用二进制，这就涉及二进制编码问题。

本章最后介绍计算机系统。一个完整的计算机系统是由硬件系统和软件系统两大部分组成的。硬件(hardware)也称硬设备，是计算机系统的物质基础。软件(software)，从广义上来说，是计算机中运行的所有程序以及各种文档资料的总称。硬件和软件相结合才能充分发挥电子计算机的系统功能，两者缺一不可。

1.2 计算机概论辅导

1.2.1 世界第一台计算机

1. ENIAC

现代科学技术的发展及信息在社会中的重要地位，导致了计算工具的创新。1946 年 2 月世界上第一台电子数值计算机 ENIAC 在美国宾夕法尼亚大学诞生，它标志着科学技术的发展进入新的时代——电子计算机时代。从第一台电子计算机的诞生到现在，计算机的发展已经历四代，并正在向第五代发展。

1936 年英国数学家阿兰·图灵(Alan Turing) 提出了计算机理论模型：只要能够被分解为有限步骤，就能够实现自动计算。这就是图灵机。如后面实现的 ABC 计算机(Atanasoff Berry computer)、ENIAC(electronic numerical integrators and calculation)，都是图灵机的代表。特别是 ENIAC，是世界上第一台可以真正运算、全部是电子装置的计算机。它在计算机的发展史上具有里程碑式的意义。

图 1-1 所示是关于 ENIAC 计算机的照片。

2. 计算机之父——冯·诺依曼

冯·诺依曼(von Neumann，1903—1957)，美籍匈牙利科学家，是计算机科学的创始人之一。他不仅在计算机方面，而且在数学、逻辑、物理等领域都作出了巨大的贡献，他的杰出成就使他成为科学上的巨人，被誉为“计算机之父”。

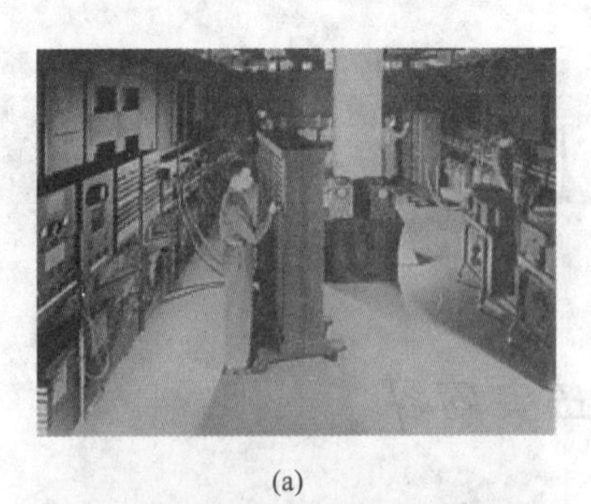

(a)

(b)

(c)

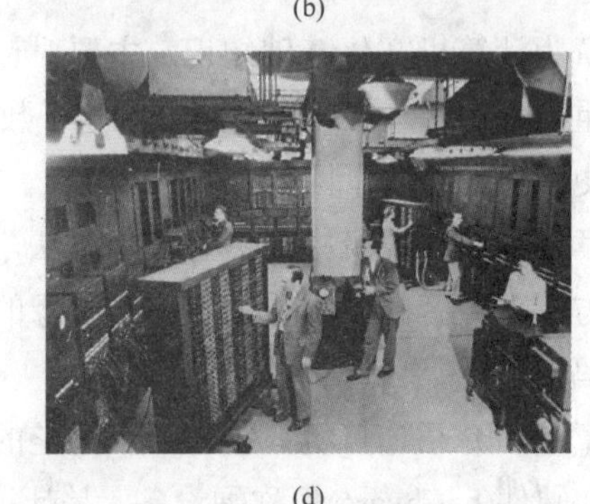

(d)

图 1-1　世界上第一台可以真正运算全部是电子装置的计算机 ENIAC

1.2.2　电子器材

用电子管组成的计算机在 1952 年美国大选中预测艾森豪威尔获胜——预测结果和实际统计结果完全相同；1957 年 IBM 公司生产的第一台商用计算机 IBM701，一共生产了 19 台。但是电子管体积大，故障率高。图 1-2 所示为电子管。

晶体管比电子管体积小，稳定性高，如图 1-3 所示。1948 年 6 月，贝尔实验室研制成功了世界上第一只晶体管。第一台晶体管计算机是 CDC 制造的 1604。这时开始使用高级语言，开始通过电话线进行数据交流，虽然速度很慢，但这已经是网络的萌芽。并行处理被所有大型计算机和超级计算机所使用。麻省理工学院在这期间提出“多道程序”方案。

图 1-2　电子管

图 1-3　晶体管

集成电路(integrated circuits，IC)于 1958 年发明，如图 1-4 所示。接着就有大规模集成电路(LSIC)和超大规模集成电路，如图 1-5 所示。这时的缩微技术高度发展。

摩尔博士预言，IC 上能被集成的晶体管数目将会以每 18 个月翻一番的速度稳定增长(摩尔法则)。

图 1-4　集成电路

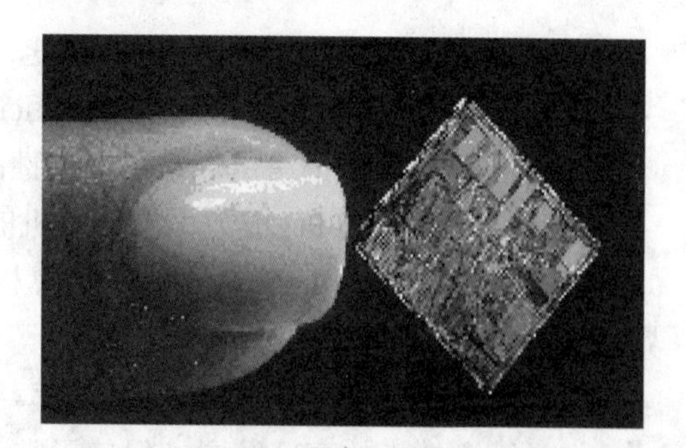

图 1-5　大规模和超大规模集成电路

这个阶段有代表性的计算机是 IBM 推出的著名的 360 系列计算机，如图 1-6 所示。这时的计算机发展到不再捆绑销售它的语言软件，开创了计算机语言市场，最终使软件成为一个巨大的产业。

图 1-6　著名的 IBM 360 计算机

大规模集成和超大规模集成电路的出现，导致使用大规模集成电路的标志着第四代计算机出现的处理器 Intel 系列处理器的出现，从而导致在 1976—1977 年，第一台真正意义上的微机 Apple I 的实现，它有显示器、键盘、软盘和操作系统软件，如图 1-7 所示。

图 1-7　微机 Apple I

1980 年，IBM 公司做出了两个决定：一是选择 Intel 8088 芯片作为它的微机处理器——PC(personal computer)；二是委托 Microsoft 公司设计操作系统。

IBM 公司的这两个决定带来了历史性的巨大影响：

IBM 公司商标的 PC 成为微型计算机的同义词；

Microsoft 公司和 Intel 公司则在计算机软件和硬件方面成为和 IBM 公司分庭抗礼的业界巨头。

图 1-8 所示即为微型计算机 IBM-PC。

电子缩微技术的高度发展，促使了掌上电脑的出现，如图 1-9 所示。

图 1-8　IBM-PC

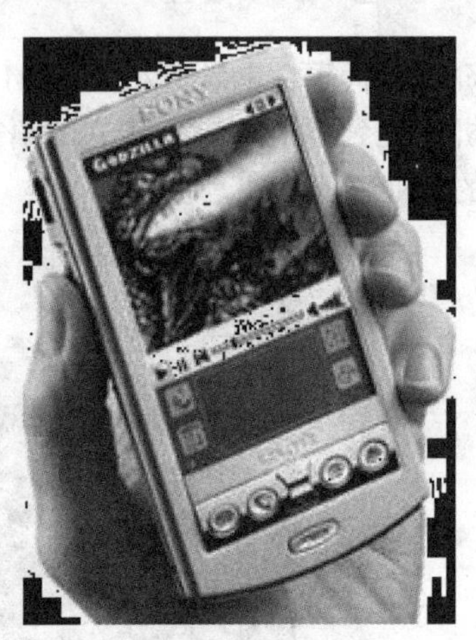

图 1-9　掌上电脑

1.3　信息表示辅导

1.3.1　计算机为什么要采用二进制

尽管计算机可以处理各种数据和信息，但是计算机内部使用的是二进制数。二进制并不符合人们的习惯，计算机中采用二进制主要原因如下。

1. 物理实现简单

计算机采用物理元件的状态来表示计数制中各位的值和位权，绝大多数物理元件都只有两种状态；如果计算机中采用十进制，势必要求计算机有能够识别 0～9 共 10 种状态的装置；在实际工作中，是很难找到能表示 10 种不同稳定状态的电子器件的。虽然可以用电子线路的组合来表示，但是线路非常复杂，所需的设备量大，而且十分不可靠。而二进制中只有 0 和 1 两种数字符号，可以用电子器件的开关两种不同状态来表示一位二进制数。例如，可以用晶体管的截止和导通表示 1 和 0，或者用电平的高和低表示 1 和 0 等。所以，在数字系统中普遍采用二进制。

2. 运算规则简单

二进制数只有 0 和 1 两个数字符号，因此运算规则比十进制简单得多。二进制的加减乘除运算规则分别如表 1-1 所示。

表 1-1　二进制的加减乘除运算规则

加法	0 + 0 = 0	0 + 1 = 1	1 + 0 = 1	1 + 1 = 10 (进位)
减法	0 – 0 = 0	0 – 1 = 1 (借位)	1 – 0 = 1	1 – 1 = 0
乘法	0 × 0 = 0	0 × 1 = 0	1 × 0 = 0	1 × 1 = 1
除法	0÷0 = 0(无意义)	0÷1 = 0	1÷0 = 0 (无意义)	1÷1 = 1

3. 适合逻辑运算

逻辑是指条件与结论之间的关系。因此，逻辑运算是对因果关系进行分析的一种运算，运算结果并不表示数值大小，而是表示逻辑概念，即成立还是不成立。计算机的逻辑关系是一种二值逻辑，二值逻辑可以用二进制的 1 或 0 来表示，例如，1 表示“成立”“是”或“真”，0 表示“不成立”“否”或“假”等。若干位二进制数组成逻辑数据，位与位之间无“权”的内在联系。对两个逻辑数据进行运算时，每位之间相互独立，运算是按位进行的，不存在算术运算中的进位和借位，运算结果仍是逻辑数据。

逻辑运算主要包括三种基本运算：逻辑加法(又称“或”运算)、逻辑乘法(又称“与”运算)和逻辑否定(又称“非”运算)。此外，“异或”运算也很有用。

1) 逻辑加法(“或”运算)

逻辑加法通常用符号“+”或“∨”来表示。逻辑加法运算规则如下：

0+0=0，　0∨0=0

0+1=1，　0∨1=1

1+0=1，　1∨0=1

1+1=1，　1∨1=1

逻辑加法有“或”的意义，也就是说，在给定的逻辑变量中，只要有一个为 1，其逻辑加的结果为 1；两者都为 1 则逻辑加为 1。

2) 逻辑乘法(“与”运算)

逻辑乘法通常用符号“×”或“∧”或“・”来表示。逻辑乘法运算规则如下：

0×0=0，　0∧0=0，　0・0=0

0×1=0，　0∧1=0，　0・1=0

1×0=0，　1∧0=0，　1・0=0

1×1=1，　1∧1=1，　1・1=1

不难看出，逻辑乘法有“与”的意义，它表示只当参与运算的逻辑变量都同时取值为 1 时，其逻辑乘积才等于 1。

3) 逻辑否定(“非”运算)

逻辑非运算又称逻辑否运算。其运算规则为：

$\overline{0}=1$　非 0 等于 1

$\overline{1}=0$　非 1 等于 0

4) 异或逻辑运算(半加运算)

异或逻辑运算通常用符号“⊕”表示，其运算规则为：

0⊕0=0，0 同 0 异或，结果为 0

$0\oplus 1=1$，0 同 1 异或，结果为 1

$1\oplus 0=1$，1 同 0 异或，结果为 1

$1\oplus 1=0$，1 同 1 异或，结果为 0

两个逻辑变量相异，输出才为 1。

二进制的主要缺点是数位太长，不便于阅读和书写，人们也不习惯使用。因此，常用八进制和十六进制作为二进制的缩写方式。另外，为了适应人们的习惯，通常在计算机内都采用二进制数的同时，输入和输出环节则采用十进制数，由计算机自己完成二进制与十进制之间的相互转换。

1.3.2 存储单位与机器数

1. 存储单位

机器一次能表示的二进制数的位数叫机器的字长，一台机器的字长是固定的。8 位长度的二进制数称为一个字节(byte)，机器字长一般都是字节的整数倍，如字长 8 位、16 位、32 位、64 位。

我们要处理的信息在计算机中常常被称为数据。所谓数据，是可以由人工或自动化手段加以处理的那些事实、概念、场景和指示的表示形式，包括字符、符号、表格、声音和图形等。数据可在物理介质上记录或传输，并通过外围设备被计算机接收，经过处理而得到结果，计算机对数据进行解释并赋予一定意义后，便成为人们所能接受的信息。计算机中数据的常用单位有位、字节和字。

计算机存储信息的最小单位是进制的一个数位，简称为位(bit)，音译比特，二进制的一个“0”或一个“1”叫一位。一个二进制位可以表示两种状态(0 或 1)，两个二进制位可以表示四种状态(00、01、10、11)。显然，位越多，所表示的状态就越多。

计算机存储容量的基本单位是字节(byte)，音译为拜特，8 个二进制位组成 1 个字节(1 byte = 8 bit)。计算机存储容量大小以字节数来度量。例如，计算机内存的存储容量、磁盘的存储容量等都是以字节为单位进行表示的。

除了用字节为单位表示存储容量外，还可以用千字节(kilobyte，KB)、兆字节(megabyte，MB)以及吉字节(gigabyte，GB)、太字节(terabyte，TB)等表示存储容量。它们之间存在下列换算关系：

$1\text{KB} = 2^{10}\text{B} = 1024\text{B}$

$1\text{MB} = 2^{10}\text{KB} = 2^{20}\text{B} = 1\ 048\ 576\text{B}$

$1\text{GB} = 2^{10}\text{MB} = 2^{30}\text{B} = 1\ 073\ 741\ 824\text{B}$

一个标准英文字母占一个字节位置，一个标准汉字占两个字节位置。

字和计算机中字长的概念有关。字长是指计算机在进行处理时一次作为一个整体进行处理的二进制数的位数，具有这一长度的二进制数则被称为该计算机中的一个字。字通常取字节的整数倍，是计算机进行数据存储和处理的运算单位。

计算机按照字长进行分类，可以分为 8 位机、16 位机、32 位机和 64 位机等。字长越长，计算机所表示数的范围就越大，处理能力也越强，运算精度也就越高。在不同字长的计算机中，字的长度也不相同。例如，在 8 位机中，一个字含有 8 个二进制位，而在 64 位机中，一个字则含有 64 个二进制位。

2. 机器数

机器数的特点是：

(1) 符号数值化，0 代表正，1 代表负，通常将表示符号的代码放在数据的最高位；

(2) 小数点是隐藏的，不占用存储空间；

(3) 每个机器数所占据的二进制位数受机器硬件条件的限制，与机器字长有关，超过机器字长的数值要舍去；

(4) 因为机器数的长度是由机器的硬件规模规定的，所以机器数表示的数值是不连续的。

1.3.3 原码、反码和补码

1. 概念

显然，计算机是对机器数进行运算的，所以机器数的运算规则要简单些。对于用 0、1 表示“＋”“－”号的机器数，其符号虽然为数，但是仅仅有符号的含义，因此进行加减乘除等运算时，符号位的数不能像数值位的数一样运算，而要单独处理。

为了便于数值的运算和处理，对机器数定义了不同的表示方法，其中包括了数的原码、反码和补码。在实际计算机中广泛采用补码来进行运算，主要是因为补码的运算规则较原码和补码简单。

2. 原码表示法

原码表示法是机器数的一种简单的表示法。其符号位用 0 表示正号，用 1 表示负号，数值一般用二进制形式表示。设有一数为 X，则 X 的原码可记作 $[X]_{原}$。

例如，X1=+1010110

X2=-1001010

其原码记作：

$[X1]_{原}=[+1010110]_{原}=01010110$

$[X2]_{原}=[-1001010]_{原}=11001010$

原码表示数的范围与二进制位数有关。当用 8 位二进制来表示小数原码时，其表示范围：

最大值为 0.1111111，其真值约为$(0.99)_{10}$；

最小值为 1.1111111，其真值约为$(-0.99)_{10}$。

当用 8 位二进制来表示整数原码时，其表示范围：

最大值为 01111111，其真值为$(127)_{10}$；

最小值为 11111111，其真值为$(-127)_{10}$。

在原码表示法中，对 0 有两种表示形式：

$[+0]_{原}=00000000$

$[-0]_{原}=10000000$

3. 反码表示法

机器数的反码可由原码得到。如果机器数是正数，则该机器数的反码与原码一样；如果机器数是负数，则该机器数的反码是对它的原码各位(符号位除外)取反而得到的。设有一数 X，则 X 的反码记作$[X]_{反}$。

例如：X1=+1010110

X2=-1001010

则 $[X1]_{原}=01010110$

$[X1]_{反}=[X1]_{原}=01010110$

$[X2]_{原}=11001010$

$[X2]_{反}=10110101$

反码通常作为求补过程的中间形式。

4. 补码表示法

机器数的补码可由原码得到。如果机器数是正数，则该机器数的补码与原码一样；如果机器数是负数，则该机器数的补码是对它的原码各位(符号位除外)取反，并在末位加 1 而得到的。设有一数 X，则 X 的补码记作［X］$_{补}$。

例如，[X1] =+1010110

[X2] =-1001010

$[X1]_{原}=01010110$

$[X1]_{补}=01010110$

即 $[X1]_{原}=[X1]_{补}=01010110$

$[X2]_{原}=11001010$

$[X2]_{补}=10110101+1=10110110$

补码表示数的范围与二进制位数有关。当采用 8 位二进制表示时，小数补码的表示范围：

最大值为 0.1111111，其真值为$(0.99)_{10}$；

最小值为 1.0000000，其真值为$(-1)_{10}$。

采用 8 位二进制表示时，整数补码的表示范围：

最大值为 01111111，其真值为$(127)_{10}$；

最小值为 10000000，其真值为$(-128)_{10}$。

在补码表示法中，0 只有一种表示形式：

$[+0]_{补}=00000000$

$[-0]_{补}=11111111+1=00000000$(由于受设备字长的限制，最后的进位丢失)

所以有$[+0]_{补}=[-0]_{补}=00000000$，即补码解决了原码中存在+0 和-0 的问题。

【例 1-1】 已知$[X]_{原}=10011010$，求$[X]_{补}$。

【分析】 由$[X]_{原}$求$[X]_{补}$的原则是：若机器数为正数，则$[X]_{原}=[X]_{补}$；若机器数为负数，则该机器数的补码可对它的原码所有位(符号位除外)取反，再在末位加 1 而得到。现给定的机器数为负数，故有$[X]_{补}=[X]_{反}+1$，即：

$[X]_{原}=10011010$

$[X]_{反}=11100101$

$[X]_{补}=11100110$

【例 1-2】 已知$[X]_{补}=11100110$，求［X］$_{原}$。

【分析】 对于机器数为正数，则［X］$_{原}$=［X］$_{补}$；对于机器数为负数，则有［X］$_{原}$=［［X］$_{补}$］$_{补}$。

现给定的数为负数，故有：

[X]$_{补}$=11100110

[[X]$_{补}$]$_{反}$=10011001

[[X]$_{补}$]$_{补}$=10011010=[X]$_{原}$

5. 作用

原码、反码和补码表示的均是机器数，但是各有特点，下面通过实际例子来说明补码较原码和反码的加减运算要简单。

【例 1-3】 已知 x=＋1101,y=＋0110,用原码、反码和补码计算 x－y 的值。

(1) 原码运算。

计算机采用原码运算时，需将真值表示为原码：

[x]$_{原}$=0，1101　　[y]$_{原}$=0，0110

原码运算的方法与手算相似，先要判别相减的两数是同号还是异号。若为同号，则进行减法；若为异号，则进行加法。其次判别 x、y 两数的大小，确定用大数减小数。

在本例中，x、y 同号，且|x|>|y|，所以有如下算式：

$$
\begin{array}{r}
[x]_{原}=0，1101 \\
-[y]_{原}=0，0110 \\
\hline
[x-y]_{原}=0，0111
\end{array}
$$

求得 x－y=＋0111。

(2) 反码运算。

计算机采用反码运算时，需将真值表示为反码：

[x]$_{反}$=0，1101　　[y]$_{反}$=0，0110

由于反码加减运算有如下规则：

[x＋y]$_{反}$=[x]$_{反}$＋[y]$_{反}$＋符号位进位

所以要求 x－y 时，可以做变换 x－y= x＋(−y)，因此先求(－y)的反码：

[－y]$_{反}$=1，1001

再进行[x]$_{反}$和[－y]$_{反}$的加法运算：

$$
\begin{array}{rl}
[x]_{反}= 0，1101 & \\
+[-y]反= 1，1001 & \\
\hline
10，0110 & \\
+ \qquad\qquad 1 & 加上一行的循环进位 \\
\hline
[x-y]_{反}= 0，0111 &
\end{array}
$$

即求得 x−y=+0111。

(3) 补码运算。

计算机采用补码运算时，需将真值表示为补码：

[x]$_{补}$=0，1101　　[y]$_{补}$=0，0110

由于补码加减运算规则为：

[x＋y]$_{补}$ = [x]$_{补}$＋[y]$_{补}$

[x−y]$_{补}$ = [x＋(－y)]$_{补}$= [x]$_{补}$＋[－y]$_{补}$

根据补码的编码规则有[−y]$_{补}$=1，1010，此时的加法运算如下：

$$
\begin{array}{r}
[x]_{补}= 0，1101 \\
+ \quad [-y]_{补}= 1，1010 \\
\hline
10，0111
\end{array}
$$

将最开始的进位 1 丢弃，所以求得 x－y=＋0111。

由例 1-3 可以看出，补码的加减运算最简单，反码的次之(因为要加上循环进位)，原码最复杂。所以，计算机中普遍采用补码。

1.3.4 汉字输入方法

计算机汉字输入的方法很多，可以归纳为三类。

1. 键盘输入法

目前的键盘输入法种类繁多，但常用的有以下两类。

(1) 拼音输入法：利用汉语拼音直接输入汉字的输入法。几乎不用花费很多时间学习，只要汉语拼音掌握得好，就可以使用。但汉字的同音字比较多，重码率很高，输入速度很慢。为了改进拼音输入法的重码，提高输入速度，不少拼音输入法做了改进，提高了智能化程度，提高了输入效率。如搜狗拼音输入法、谷歌拼音输入法、智能 ABC、紫光拼音输入法和微软拼音输入法，改进后的拼音输入法每分钟可以输入几十个汉字甚至上百个汉字。

拼音输入法不适于专业的打字员，但非常适合普通的计算机操作者，如果用户拼音基础比较好，不妨选用一种适合自己的拼音输入法。

(2) 笔画输入法：笔画或笔画组合(称为字根或部件)对应计算机键盘的字母或数字键进行文字输入。

在全国盛极一时的这类输入法可能就是五笔了，如王码五笔、万能五笔、极品五笔等。好的形码输入法具有重码少、输入效率高的特点，但输入规则比较繁复，键盘与字根(部件)的对应关系比较复杂，学习起来比较困难，而且容易遗忘。

笔画输入法适合于专职打字人员，用户熟练了可以实现盲打，输入速度较快，但需要花费较多的时间去掌握和熟练。

2. 手写输入法

手写输入法：一种笔式环境下的手写中文识别输入法。

手写输入法符合中国人用笔写字的习惯，需要配套的手写板。在配套的手写板上用笔(可以是任何类型的硬笔)来书写汉字，计算机就能将其识别并显示出来，不仅方便、快捷，而且错字率也比较低。如汉王笔、紫光笔、文通笔等，可以像在信纸上写字一样，采用平常写字的方式，轻松自然地往计算机里输入文字。但早期的手写输入设备因辨识时间较长会拖慢输入速度。为了缩短辨识时间，提高输入速度，不少手写输入设备做了改进，增加了智能化程度，提高了输入效率。如汉王笔，可全屏幕重叠书写，识别速度在每秒 12 个汉字以上。先进的手写输入设备还具有功能强大的图像处理等功能，可以自如地在上面绘画。

手写输入法适合于普通的计算机操作者及有绘画图像特殊要求的使用者，输入者不必经过培训，只要会写字，就可无师自通地轻松自然地进行汉字输入了。

3. 语音输入法

语音输入法：将声音通过话筒转换成文字的一种输入方法。

语音输入法必须采用麦克风，用户可以用正确的读音将文件输入计算机。在硬件方面，要求计算机必须配备能进行正常录音的声卡，调试好麦克风，用户就可以对着麦克风用普通话进行文字录入了。即便是用户的普通话不标准，只要用语音输入软件提供的语音训练程序，进行一段时间的训练，让软件熟悉用户的口音，也同样可以通过讲话来实现文字输入。语音识别系统以 IBM 推出的 ViaVoice 为代表，国内的语音识别系统有 Dutty++语音识别系统、天信语音识别系统、世音语音识别系统等。虽然使用起来很方便，但错字率仍然比较高，特别是一些未经训练的专业名词及生僻字。

语音输入法适合于不便使用键盘鼠标操作计算机的人及要求降低文字输入工作量的计算机操作者。

可以这样说，到目前为止，还没有哪一种中文输入法是没有缺点的，用户只能够根据自己的实际情况，选择一种适合于自己的中文输入法。

根据计算机软件的发展趋势，最终将会是拼音输入法、手写输入法和语音输入法的天下，而且输入的单位不再是字，而是词和句。但总体来说，现在我们还处于一个比较落后的水平。

1.4 文件系统简介

1.4.1 文件的概念

计算机中的程序和数据需要存储，然后再送到 CPU 中执行。信息可以保存在计算机的内存中，也可以保存在外存中。但保存在内存中的信息在计算机关机后将全部丢失，在实际应用中，大量的信息必须保存在外存中。存放在外存中相关数据的集合就是文件，或者说，文件是存放在外存中的程序、数据、符号等信息的集合。

具体的文件可以表现为一个用户程序、一个软件系统、一篇文稿、一张表格、某某单位的财务数据，等等。即使是 CD 或 VCD 等图像、声音，也是以文件的形式存放的。

1. 文件的特征

(1) 文件是能长期保存在外存中的信息。

(2) 保存文件时，要给文件命名，即文件名。

(3) 即使文件同名，文件也能被唯一地确定。通常是以文件存放的位置来确定的。

2. 文件的命名及类别

文件是以文件名和文件存放的位置来确定的。用户使用文件时通过文件名和文件存放的位置等信息，来确定文件并读取文件至内存中。这种方式如同实际中给人起名一样，中国人的名字一般是姓在先，名在后，不同的家庭中可以有同名的人，但同一家庭中不可以出现同名的人。

操作系统中对文件的命名有一定的规定。文件的名称可由两个部分组成：文件名和扩展名。文件名与扩展名之间以小数点“.”连接。文件名通常表示一个文件的名字，扩展名往往表示一个文件的属性。例如，声音文件的扩展名通常是.wav(wave)，而文档文件的扩展名通常是.doc(document)，BASIC 语言书写的程序的扩展名是.bas。

操作系统中文件的命名格式：

<文件名>[.<扩展名>]

文件名是某个文件的名字，DOS 规定由 1～8 个字符(或者 1～4 个汉字)组成；在 Windows 中，文件名允许达到 255 个字符。文件名在文件命名中必须给出。扩展名由 1～3 个字符组成，扩展名在文件命名时可以给出，也可以没有。换句话说，文件名是必须有的，而扩展名是可有可无的。

3. 文件名和扩展名可使用的字符

文件名和扩展名可使用的字符有：

英文字母或汉字；

数字 0～9；

特殊符号，如! # % $ - ^ ( ) @ & _ ～ '等。

此外，还有一类特殊的文件名，即设备文件名。对硬件构成中的一部分标准外部设备规定了对应的名字，并视为文件进行管理。这类文件的命名是由系统决定的，用户不能更改这些文件名，而且用户给自己的文件所起的名字不能与设备文件名同名。

标准外部设备的设备名是：

CON	主控台(键盘或显示器)
PRN，LPT1，LPT2	打印机
AUX，COM1，COM2	通信端口(串行口 1，串行口 2)
NUL	空文件

文件的类别通常用文件的扩展名来说明，不同的计算机系统有不同的规定。命名的基本原则是便于记忆，使用方便，见名思义。文件的扩展名通常有相应的约定，遵守相应的约定，将对管理文件和相互交流具有重要的意义，在这方面标新立异是不可取的。对文件扩展名的约定列举如下(部分约定)：

.sys	系统文件
.com	系统命令文件
.exe	可执行文件
.bat	批处理文件
.bak	后备文件
.bas	BASIC 程序文件
.dbf	数据库文件
.txt	文本文件
.dll	动态链接库文件
.doc	Word 文档
.bmp	位图文件
.jpg	压缩的图形文件
.mpg	压缩的视频流文件

使用文件时，若文件的扩展名与约定相同，则在很多情况下可省略扩展名。例如文件名 MAIN.exe 表示可执行的程序文件，执行该程序时，不需给出扩展名。

在上述扩展名中，.com(系统命令文件)、.exe(可执行文件)、.bat(批处理文件)是操作系统能直接识别并执行的文件。如在同一存储位置出现有相同的文件名，但扩展名不同的文件，如 ABC.com，ABC.exe，ABC.bat 中的两个或三个文件，这时若只给出文件名 ABC 而省略扩展名，则系统按照.com、.exe、.bat 的顺序选择其一执行，即前面的优先级高，后面的优先级低，系统会自动选择优先级高的同名文件执行。

1.4.2 文件的通配符

用户要使用的文件可能是某个特定的文件，也可能是一组具有某种相同特征的文件，甚至是所有文件。如是某特定的文件，给出相应文件的完整文件名描述就可以了；如是一组具有某种相同特征的文件或所有文件，就要以一种能代表它们的符号来描述它们。

通配符有两个：问号(?)和星号(*)。

1. 通配符 ?

通配符? 表示在该位置可以是任何一个字符。

例如：

?AB?.exe　表示第二个字符是 A，第三个字符是 B，文件名长度不超过 4 个字符，扩展名是.exe 的一类文件。

A?B.???　表示第一个字符是 A，第三个字符是 B，文件名长度不超过 3 个字符，扩展名不确定的一类文件。

????????.???　表示 DOS 系统所有文件。

2. 通配符 *

通配符*表示在该位置以及后面其余位置可以是任何字符。

A*.*　表示第一个字符是 A 的一类文件。

.　表示所有的文件。

?B*.*　表示第二个字符是 B 的所有文件。

通配符*后面的字符将被忽略。如 A*B.prg 表示以 A 字符开头的，扩展名为 PRG 的所有文件，字符 B 被忽略。

1.4.3　文件的目录(文件夹)

操作系统的任务之一就是管理文件，管理文件是通过文件的目录实现的。文件是存放在外存上的，文件的管理就是磁盘或光盘的管理。计算机文件的目录(又称文件夹)如同书籍的目录，它记载着文件的标志性信息，如文件名、文件大小、文件存放的时间和日期、文件存放在外存上的位置(地址)等。文件的目录就是文件实体的索引。

操作系统在组织目录时，采用了层次目录结构(树结构)。整个目录构成一棵目录树，目录树上有唯一的根目录，它是在磁盘格式化时建立的，根目录下可以有多个文件或多个下级目录(称为子目录)；同样地，子目录下可以有多个文件或多个子目录。子目录的层次是没有限制的，由于这种结构如同树的生长一样，所以称为树结构。

在 Windows 资源管理器左边的窗口中，就显示着一棵目录树。

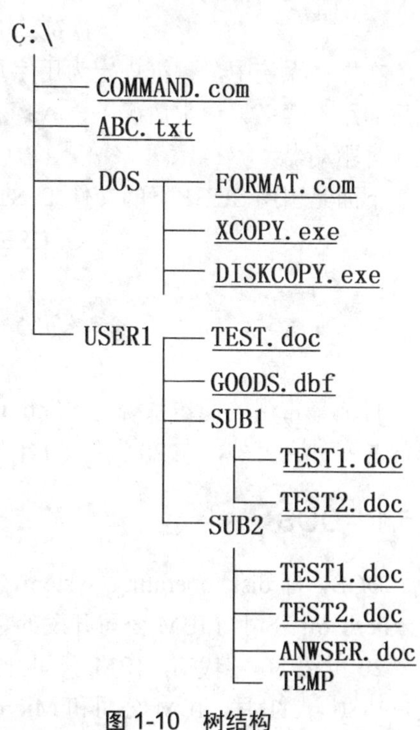

图 1-10　树结构

图 1-10 中没有下划线的是子目录名，是由用户命名的，有下划线的是存放在某目录下

的文件。USER1 下的 TEMP 是子目录，该目录下没有存放用户的文件(空目录)。

1. 根目录

根目录在一个磁盘中是唯一的，且目录的名字“\”也是由系统决定的，无法删除。

2. 子目录

子目录是建立在根目录之下的目录，是由用户建立的，子目录的名字也是由用户命名的。子目录的层次是没有限制的，但直接建立在根目录之下的子目录的数目是有限制的(限制数目与磁盘的空间有关)。非根目录下的子目录的数目没有限制。

某一目录的上级目录是该目录的父目录。所有的子目录都有父目录，只有根目录无父目录。如当前目录是 USER1 目录，则父目录是根目录“C：\”。如当前目录是 TEMP 目录，则父目录是 SUB2。

3. 文件

文件存储于某目录下，在同一目录中，不允许有相同文件名的文件。文件在目录树中表现为无分枝的结点，又称为叶结点。在树结构图中，表现为带有下划线的部分。

4. 路径

在树结构中，要查找当前目录以外的其他目录中的文件，必须指出从当前目录或从根目录开始直到指定目录所要经历的目录路线，这条路线称为路径。路径由一系列目录名组成，每个目录名之间用反斜号(\)隔开。如 C:\USER1\TEMP 和 C:\WINDOWS\SYSTEM。

5. 文件的引用

为了对文件进行操作，如查找文件，必须知道文件所在的位置，文件位置的描述称为文件的引用。文件引用名是文件引用的唯一标识，不能同时有两个引用名相同的文件。文件引用名的完整格式是：

盘符：\路径名\ 文件名.扩展名

在操作系统中，盘符规定为用字母来表示。完整描述一磁盘时，除字母外，还在字母的后面跟上“：”。通常情况下，A：和B：表示软盘驱动器，C：、D：、E：等表示硬盘或光盘驱动器。

下面是引用 SUB1 下的文件 TEST1.DOC 的引用描述：

C:\USER1\SUB1\TEST1.DOC

1.5 常用操作系统简介

目前最常用的操作系统是 Windows、Unix 和 Linux。其中，每一类操作系统都有很多不同的变种。另外，在 20 世纪 80 年代和 90 年代初，DOS 是特别常用的操作系统之一。

1.5.1 DOS

DOS，即 disk operating system，是由美国(Microsoft)公司提供的磁盘操作系统。DOS 是 Microsoft 公司与 IBM 公司开发的、广泛运行于 IBM PC 及其兼容机上的操作系统。

20 世纪 80 年代初，IBM 公司开始涉足 PC 领域时，曾多方考察要选择合适的操作系统。1980 年 11 月，IBM 公司和 Microsoft 公司正式签约，之后的 IBM PC 均使用 DOS 作为标准的操作系统。由于 IBM PC 大获成功，Microsoft 公司也随之得到了飞速发展，DOS

从此成为个人计算机操作系统的代名词，并发展成为个人计算机的标准平台。

IBM PC 机上所配的操作系统称为 PC DOS 或 IBM DOS，是 IBM 公司向 Microsoft 公司买下 DOS 的版权之后做了修改和扩充而产生的。DOS 最早的版本是 1981 年 8 月推出的 1.0 版，至 1993 年 6 月推出了 6.0 版，微软公司推出的最后一个 DOS 版本是 DOS 6.22，以后不再推出新的版本。DOS 是一个单用户操作系统，自 4.0 版开始具有多任务处理功能。

20 世纪 80 年代 DOS 最盛行，全世界大约有 1 亿台个人计算机使用 DOS 系统，用户在 DOS 下开发了大量应用程序。由于这个原因，20 世纪 90 年代新的操作系统都提供对 DOS 的兼容功能。

最基本的 DOS 系统由一个 BOOT 引导程序和三个文件模块组成。这三个模块是输入输出模块(IO.sys)、文件管理模块(MSDOS.sys)及命令解释模块(COMMAND.com)。除此之外，微软还在零售的 DOS 系统包中加入了若干标准的外部程序(即外部命令)，这才与内部命令(即由 COMMAND.com 解释执行的命令)一同构建起一个在磁盘操作时代相对完备的人机交互环境。

在 Windows 操作系统中，可以通过运行 cmd 进入 DOS 命令界面。但是 Windows 2000/XP 没有纯 DOS 系统，因为它们不是基于 DOS 设计的，所以常规方法是不允许在 Windows 操作系统下进入 DOS 状态的。安装了 Windows 2000/XP 后，要想启动到纯 DOS 模式下，一般只能借助 U 盘、光盘等；或者使用集成的 DOS 软件，如矮人 DOS 工具箱，它是一款能修改 Windows 2000/XP 启动菜单的工具软件，安装该工具软件之后，启动计算机时系统提示有双系统，可以选择进入纯 DOS 系统。

1.5.2 Windows

Microsoft 公司自 1985 年推出 Windows 1.0 以来，Windows 系统已经历了几十多年的风风雨雨，从最初运行在 DOS 系统下的 Windows 3.x，到风靡全球的 Windows 9x、Windows 2000、Windows XP、Windows 2003、Windows Vista、Windows 7 和 Windows 8。

Microsoft 公司有两个相互独立的操作系统系列。一个是 Windows 9x 系列，包括 Windows 95、Windows 98、Windows 98 SE 以及 Windows Me。Windows 9x 的系统基层主要程序是 16 位的 DOS 源代码，它是一种 16 位/32 位混合源代码的准 32 位操作系统，故不稳定。虽然系统相对不太稳定，安全性亦不高，但因为当时硬件支持较 Windows NT 佳，再加上 Microsoft 公司将其定位成家用操作系统(价格较低)，所以在 Windows XP 出现之前，为大部分家庭所使用。Windows 9x 系列是主要面向桌面计算机的系列。一个是 Windows NT 系列，包括 Windows NT 3.1/3.5/3.51，Windows NT 4.0 以及 Windows 2000。Windows NT 是纯 32 位操作系统，使用较先进的 NT 内核技术，相对稳定。Windows NT 系列分为面向工作站和高级笔记本的 Workstation 版本(以及后来的 Professional 版)，以及面向服务器的 Server 版。

最初的 Windows 3.x 系统只是 DOS 的一种 16 位应用程序，1995 年 8 月 24 日，当 32 位的 Windows 95 发布的时候，Windows 系统发生了质的变化，具有了全新的面貌和强大的功能，DOS 时代开始走下舞台。

1998 年 6 月 25 日发布的 Windows 98 是 Windows 9x 的最后一个版本，在它以前有 Windows 95 和 Windows 95 OEM 两个版本，Windows 95 OEM 也就是常说的 Windows 97，其实这三个版本并没有很大的区别，它们都是前一个版本的改良产品。越到后来的版本可以支持的硬件设备的种类越多，采用的技术也越来越先进。

2000年9月14日发布的Windows ME(Windows千禧版)实际上是由Windows 98改良得到的,但在界面和某些技术方面是模仿Windows 2000。Microsoft公司声称在Windows ME中去除掉了DOS，不再以DOS为基础。但实际上并不是如此，DOS仍然存在，只不过不能通过正常步骤进入了。

1993年微软公司正式推出Windows NT，在相继推出Windows NT 1.0、2.0、3.0、4.0后,2000年2月18日,Microsoft公司正式推出了Windows 2000(原来称为Windows NT 5.0),其性能与可靠性都比Windows NT有了很大改善。Windows NT是1999年销量第一的服务器操作系统。Windows NT及后来的Windows 2000都是商用多用户操作系统，其开发目标是作为工作站和服务器上的32位操作系统，以充分利用32位处理器等硬件的新特性，并使其易于适应将来的硬件变化，能容易地随着新的市场需求而扩充，同时与已有应用程序保持兼容。

Windows 2000即Windows NT 5.0，这是微软为解决Windows 9x系统的不稳定和Windows NT的多媒体支持不足推出的一个版本。它分为Windows 2000 Professional和Windows 2000 Server两种版本，前者是面向普通用户的，后者则是面向网络服务器的。后者的硬件要求要高于前者。

Windows 2000的下一个版本与Windows Me的下一个版本合二为一，称为Windows XP。Windows XP是微软的一个尝试，Windows XP的设计理念是，把以往Windows系列软件家庭版的易用性和商用版的稳定性集于一身，让不同要求的用户都使用同一个操作系统。与Windows 2000(Windows NT 5.0)一样，它是一个Windows NT系列操作系统(Windows NT 5.1)，它包含了Windows 2000所有相对高效率及安全稳定的性质，以及Windows Me所有的多媒体功能。然而，作为Windows NT系列的操作系统，付出的代价是它丧失了对某些DOS程序的支持。

Windows XP于2001年8月24日正式发布，它的零售版于2001年10月25日上市。原开放代号为“Whistler”,XP表示英文中的“体验”(experience)。直至2008年6月,Windows XP的市场占有率仍比Windows Vista高。Windows XP OEM及零售版本已经在2008年6月30日停止直接的销售，但用户仍可在购买Windows Vista旗舰版(Ultimate)或商用版(Business)之后降级到Windows XP。

Windows Vista是Microsoft公司Windows操作系统的最新版本，于2005年7月22日微软正式公布了这一名字。原代号为Longhorn。在2006年11月8日，Windows Vista开发完成并正式进入量产。之后的两个月仅对MSDN用户、电脑软硬体制造商和企业客户释出。在2007年1月30日，Windows Vista正式对一般大众贩售，同时也可以从微软的网站下载。

Windows Vista距离上一版本Windows XP已有超过五年的时间，这是Windows版本历史上间隔时间最久的一次发布。根据Microsoft公司表示，Windows Vista包含了上百种新功能，其中较特别的是新版的图形用户界面和称为“Windows Aero”的全新视觉风格、加强后的搜寻功能(Windows indexing service)、新的多媒体创作工具(例如Windows DVD Maker)，以及重新设计的网路、音讯、输出(列印)和显示系统。另外，在安全性及网络通信能力方面都有较大的改进。

Windows 7是Microsoft公司推出的较新的一款视窗操作系统。2009年7月14日，Windows 7开发完成并正式进入批量生产。

Windows 7 的设计主要围绕五个重点——针对笔记本电脑的特有设计；基于应用服务的设计；用户的个性化；视听娱乐的优化；用户易用性的新引擎。跳跃列表、系统故障快速修复等，这些新功能令 Windows 7 成为最易用的 Windows 操作系统。

Windows 7 也有一些缺点：Windows 7 中的 UAC 严格程度明显大幅下降，安全性随之下降；Windows 7 删除了大量实用功能，并在用不到的功能上做了很多优化。

Windows 8 是继 Windows 7 之后的新一代操作系统，于 2012 年 10 月 26 日正式推出，是具有革命性变化的操作系统。它支持来自 Intel、AMD 和 ARM 的芯片架构，具有更好的续航能力，且启动速度更快、占用内存更少，并兼容 Windows 7 所支持的软件和硬件。

1.6 习题解答

1. 问答题

(1) 简述计算机的发展历程。

世界上第一台电子计算机，于 1946 年 2 月在美国宾夕法尼亚大学诞生，取名为 ENIAC(electronic numerical integrator and calculator)，它是一台电子数字积分计算机。

电子计算机的发展阶段通常以构成计算机的电子器件来划分，至今已经历了电子管、晶体管、集成电路和超大规模集成电路 4 个阶段。目前正在向第五代过渡，每一个发展阶段在技术上都是一次新的突破，在性能上都是一次质的飞跃。

第一代计算机(1946－1957) 是电子管计算机时代。在此期间，计算机采用电子管作为物理器件，以磁鼓、小磁芯作为存储器，存储空间有限，输入输出用读卡机和纸带机，主要用于机器语言编写程序进行科学计算，运算速度一般为每秒 1 千次到 1 万次运算。这一阶段计算机的特点是体积庞大、耗能多，操作指令是为特定任务而编制的，每种机器有各自不同的机器语言，功能受到限制，稳定性差，维护困难。

第二代计算机(1958－1964) 是晶体管计算机时代。此时，计算机采用晶体管作为主要元件，体积、重量、能耗大大缩小，可靠性增强。计算机的速度已提高到每秒几万次到几十万次运算，普遍采用磁芯作为内存储器，磁盘、磁带作为外存储器，存储容量大大提高，提出了操作系统的概念，开始出现了汇编语言，产生了如 FORTRAN 和 COBOL 等高级程序设计语言和批处理系统。计算机的应用领域扩大，除科学计算外，还用于数据处理和实时过程控制等。

第三代计算机(1965－1971) 中小规模集成电路计算机时代。20 世纪 60 年代中期，随着半导体工艺的发展，已制造出了集成电路元件。集成电路可以在几平方毫米的单晶硅片上集成十几个甚至上百个电子元件。计算机采用中小规模的集成电路元件，体积进一步缩小，寿命更长。普遍采用半导体存储器，存储容量进一步提高，计算机速度加快，每秒可达几百万次运算。高级语言进一步发展，操作系统的出现使计算机功能更强，计算机开始广泛应用在各个领域，并开始与通信网络联机，实现远距离通信。

第四代计算机(1972 年至今) 大规模集成电路和超大规模集成电路计算机时代。第四代计算机是以大规模和超大规模集成电路作为物理器件的，体积与第三代相比进一步缩小，可靠性更好，寿命更长。计算速度加快，每秒几千万次到几千亿次运算。软件配置丰富，软件系统工程化、理论化，程序设计实现部分自动化。微型计算机大量进入家庭，产品的更新速度加快。计算机在办公自动化、数据库管理、图像处理、语言识别等社会生活的各个领域大显身手，计算机的发展进入了以计算机网络为特征的时代。

新一代计算机正处在设想和研制阶段。新一代计算机是把信息采集、存储处理、通信和人工智能结合在一起的计算机系统。也就是说，新一代计算机由以处理数据信息为主，转向以处理知识信息为主，如获取、表达、存储及应用知识等，并有推理、联想和学习(如理解能力、适应能力、思维能力等)等人工智能方面的能力，能帮助人类开拓未知的领域和获取新的知识。

(2) 计算机的特点是什么？

电子计算机和过去的计算工具相比具有以下几个主要特点。

① 运算速度快。

计算机的运算速度通常是指每秒钟所执行的指令条数。计算机最显著的特点就是运算速度快，现在的计算机已经达到每秒钟运行百亿次、千亿次，甚至万亿次。计算机的高速运算能力，为完成那些计算量大、时间性要求高的工作提供了保证。例如天气预报、大地测量中高阶线性代数方程的求解，导弹或其他发射装置运行参数的计算，情报、人口普查等超大量数据的检索处理等。

② 计算精度高。

计算机具有其他计算工具无法比拟的计算精度，一般可达几十位、几百位甚至更高的有效数字精度。计算机的计算高精度使它广泛应用于航天航空、核物理等方面的数值计算中。

③ 数据存储容量大。

存储容量表示存储设备可以保存多少信息，随着微电子技术的发展，计算机的存储容量越来越大，能够存储大量的数据和资料，而且可以长期保留，还能根据需要随时存取、删除和修改其中的数据。

④ 可靠性高。

随着计算机硬件技术的发展，现代电子计算机连续无故障运行的时间可达几万、几十万小时，具有极高的可靠性，因硬件引起的错误越来越少。

⑤ 具有逻辑判断能力。

计算机在执行过程中，会根据上一次执行结果，运用逻辑判断方法自动确定下一步的执行命令。计算机正因为具有这种逻辑判断能力，才使得它不仅能解决数值计算问题，而且能解决非数值计算问题，如信息检索和图像识别等。

(3) 计算机可以如何分类？

计算机种类繁多，从不同的角度、按不同的标准，对计算机有不同的分类。

① 根据计算机处理数据的类型划分，可将计算机划分为数字计算机和模拟计算机。

② 根据计算机的用途划分，可将计算机划分为通用计算机和专用计算机。

③ 根据计算机的规模和性能划分，计算机可以分为巨型机、大型机、小型机、服务器、工作站和微型机，这也是比较常见的一种分类方法。

(4) 计算机未来的发展趋势是什么？

目前，科学家们正在使计算机朝着巨型化、微型化、网络化、智能化和多功能化的方向发展。巨型机的研制、开发和利用，代表着一个国家的经济实力和科学水平；微型机的研制、开发和广泛应用，则标志着一个国家科学普及的程度。

① 向巨型化和微型化两极方向发展。

② 智能化是未来计算机发展的总趋势。

③ 非冯·诺依曼体系结构是提高现代计算机性能的另一个研究焦点。

④ 多媒体计算机仍然是计算机研究的热点。

⑤ 网络化是今后计算机应用的主流。

(5) 计算机主要应用在哪些方面？

最初发明计算机是为了进行数值计算，但随着人类进入信息社会，计算机的功能已经远远超出了“计算的机器”这一狭义的概念。如今，计算机的应用已渗透到社会的各个领域，诸如科学与工程计算、信息处理、计算机辅助设计与制造、人工智能、电子商务等。

2. 填空题

(1) 1KB 表示______字节。

→1024

(2) 1MB 表示______字节。

→1024×1024

(3) 十进制的整数转换成二进制整数用______。

→除 2 取余逆排

(4) 十进制的小数转换成二进制小数用______。

→乘 2 进位顺排

(5) 八进制数转换为二进制数时，一位八进制数对应转换为______位二进制数。

→三

(6) 二进制数转换为八进制数时，三位二进制数对应转换为______位八进制数。

→一

(7) 十六进制数 28 的二进制数为______。

→101000

(8) 二进制数 10111001 的十进制数为______。

→185

(9) 字符编码叫______码，意为美国标准信息交换码。

→ASCII

(10) 每个 ASCII 占______个字节。

→1

3.计算题(要求写出计算步骤)

(1) 将十进制整数 45 转换为二进制数。

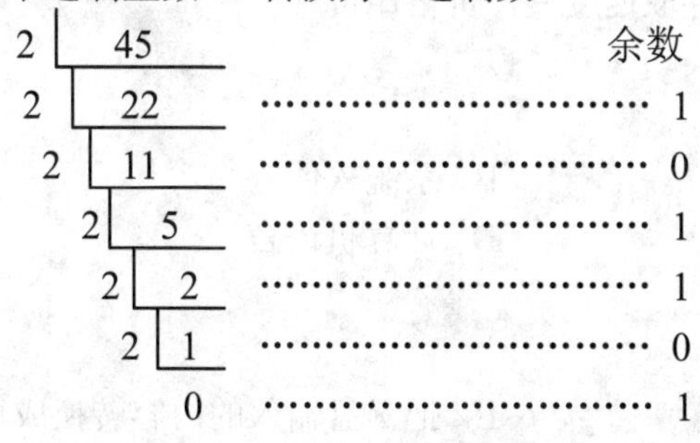

$(45)_{10}=(101101)_2$

(2) 将二进制数 10001100.101 转换为十进制数。

$$1\times2^7+0\times2^6+0\times2^5+0\times2^4+1\times2^3+1\times2^2+0\times2^1+0\times2^0+1\times2^{-1}+0\times2^{-2}+1\times2^{-3}$$
$$=128+0+0+0+8+4+0+0+0.5+0+0.125=140.625$$

所以 $(10001100.101)_2=(140.625)_{10}$

4. 单项选择题

(1) 计算机的存储器记忆信息的最小单位是(　　)。

A. bit　B. Byte　C. KB　D. ASCII

A

(2) 一个 bit 是由(　　)个二进制位组成的。

A. 8　B. 2　C. 7　D. 1

D

(3) 计算机系统中存储数据信息是以(　　)作为存储单位的。

A. 字节　B. 16 个二进制位　C. 字符　D. 字

A

(4) 在计算机中，一个字节存放的最大二进制数是(　　)。

A. 011111111　B. 11111111　C. 255　D. 1111111

B

(5) 32 位计算机的一个字节是由(　　)个二进制位组成的。

A. 7　B. 8　C. 32　D. 16

B

(6) 微型计算机的主要硬件设备有(　　)。

A. 主机、打印机　B. 中央处理器、存储器、I / O 设备
C. CPU、存储器　D. 硬件、软件

B

(7) 在微型计算机硬件中，访问速度最快的设备是(　　)。

A. 寄存器　B. RAM　C. 软盘　D. 硬盘

A

(8) 计算机的内存与外存比较，(　　)。

A. 内存比外存的容量小，但存取速度快，价格便宜
B. 内存比外存的存取速度慢，价格昂贵，所以没有外存的容量大
C. 内存比外存的容量小，但存取速度快，价格昂贵
D. 内存比外存的容量大，但存取速度慢，价格昂贵

C

(9) 操作系统是一种(　　)。

A. 应用程序　B. 系统软件
C. 信息管理软件包　D. 计算机语言

B

(10) 操作系统的作用是(　　)。

A. 软件与硬件的接口　B. 把键盘输入的内容转换成机器语言
C. 进行输入与输出转换　D. 控制和管理系统的所有资源的使用

D

5. 多项选择题

(1) 下面的数中，合法的十进制数有(　　)。

A. 1023　　B. 111.11　　C.　A120

D. 777　　E. 123.A　　F. 10111

ABDF

(2) 下面的数中，合法的八进制数有(　　)。

A. 1023　　B. 111.11　　C. A120

D. 777　　E. 123.A　　F. 10111

ABDF

(3) 下面的数中，合法的十六进制数有(　　)。

A. 1023　　B. 111.11　　C.　A120

D. 777　　E. 123.A　　F. 10111

ABCDEF

6. 名词解释

(1) 裸机：没有软件而只有硬件的计算机是“裸机”。

(2) 硬件：计算机中各种看得见、摸得着的实实在在的装置，是计算机系统的物质基础。

(3) 软件：在硬件上运行的程序及相关的数据、文档，是发挥硬件功能的关键。

(4) 指令：计算机完成特定操作的命令，是能被计算机识别并执行的二进制代码。它规定了计算机能完成的某一种基本操作，并由计算机硬件来执行。

(5) 冯•诺依曼原理：存储程序和程序控制原理。

(6) 程序：为解决某一问题而编写在一起的指令序列以及与之相关的数据。

(7) 指令周期：计算机执行一条指令所用的时间。

(8) 应用软件：适用于应用领域的各种应用程序及其文档资料，是各领域为解决各种不同的问题而编写的软件，在大多数情况下，应用软件是针对某一特定任务而编制成的程序。

(9) 汇编程序：把汇编语言写的汇编语言源程序翻译成计算机可执行的、用机器语言表示目标程序的翻译程序。

7. 简答题

(1) 简述控制器的功能。

控制器的功能是控制、指挥计算机各部件的工作，并对输入输出设备进行监控，使计算机自动地执行程序。计算机在工作时，控制器首先从内存储器中按顺序取出一条指令，并对该指令进行译码分析，根据指令的功能向相关部件发出操作命令，使这些部件执行该命令所规定的任务，执行之后再取出第二条指令进行分析执行。如此反复，直到所有指令都执行完成。

(2) 如何衡量存储器的性能？

存储器的性能可以从以下两个方面来衡量。

一是存储容量。存储器所能容纳的二进制信息量的总和。存储容量的大小决定了计算机能存放信息的多少，对计算机执行程序的速度有较大的影响。

二是存取周期。计算机从存储器读出数据或写入数据所需要的时间，它表明了存储器存取速度的快慢。存取周期越短，速度越快，计算机的整体性能就越高。

1.7　实验指导

实验 1　计算机的启动

一、实验目的

(1) 掌握 Windows 7 冷启动、热启动以及关机的方法。

(2) 熟悉键盘的基本操作及键位。

(3) 熟练掌握英文大小写、数字、标点的用法及输入。

(4) 掌握正确的操作指法及姿势。

(5) 掌握鼠标的操作及使用方法。

二、实验内容

开机前先观察主机、显示器、键盘和鼠标之间的连接情况；观察电源开关的位置、重启键位置和键盘上各键的位置。

Windows 7 的冷启动、热启动及关闭方法如下。

(1) 冷启动操作。

开机过程即是给计算机加电的过程。在一般情况下，计算机硬件设备中需加电的设备有显示器和主机，因此，对于台式机，开机过程也就是给显示器和主机加电的过程。由于电器设备在通电的瞬间会产生电磁干扰，这对相邻的正在运行的电器设备会产生不良影响，所以开机过程的要求是：先开显示器，再开主机。

开机步骤如下。

① 检查显示器电源指示灯是否已亮，若电源指示灯不亮，则按下显示器电源开关，给显示器通电；若电源指示灯已亮，则表示显示器已经通电，不需再通电。

② 按下主机电源开关，给主机加电。

③ 等待数秒钟后，会出现 Windows 7 的桌面，表示启动成功。

(2) 热启动操作。

在 PC 机已加电的情况下重新启动计算机。操作方法有以下两种：

① 按下主机箱面板上的重启键，这时计算机将会重新启动；

② 在关机对话框中选择“重新启动”，可实现计算机在有电情况下的重新启动。

(3) 关机操作。

关机操作过程即是给计算机断电的过程。退出系统关机必须执行标准操作，以利于系统保存内存中的信息，删除在运行程序时产生的临时文件。关机操作与开机过程正好相反，关机过程对于台式机的要求是：先关主机，再关显示器。

① 关闭任务栏中所有已打开的任务。

② 打开“开始”菜单，单击“关机”按钮。在正常情况下，系统会自动切断主机电源。在异常情况下，系统不能自动关闭时，可选择强行关机，其方法是：按下主机电源开关不放手，持续 5 秒钟，即可强行关闭主机。

③ 关闭显示器电源。

实验2 键盘操作

一、实验目的

(1) 熟悉键盘的基本操作及键位。

(2) 熟练掌握英文大小写、数字、标点的用法及输入。

(3) 掌握正确的操作指法及姿势。

二、实验内容

1. 认识键盘

键盘上键位的排列按用途可分为字符键区、功能键区、编辑键区、辅助键区和状态指示区，如图 1-11 所示。

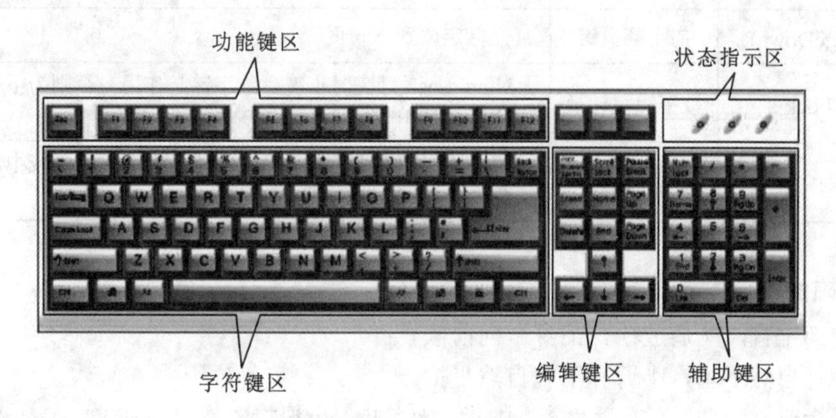

图 1-11 键盘的分布

字符键区是键盘操作的主要区域，包括 26 个英文字母、0～9 个数字、运算符号、标点符号、控制键等。

字母键共 26 个，按英文打字机字母顺序排列，在字符键区的中央区域。一般地，计算机开机后，默认的英文字母输入为小写字母。如需输入大写字母，可按住上档键 ⇧Shift 的同时按相应字母键，或按下大写字母锁定键 Caps Lock，小键盘区对应的指示灯亮，表明键盘处于大写字母锁定状态，按字母键可输入大写字母。再次按下 Caps Lock 键，小键盘对应的指示灯灭，重新转入小写输入状态。

常用键的作用如表 1-2 所列。

表 1-2 常用键的作用

按　键	名　称	作　用
Space	空格键	按一下产生一个空格
Backspace	退格键	删除光标左边的字符
Shift	换档键	同时按下 Shift 键和具有上下档字符的键，上档符起作用
Ctrl	控制键	与其他键组合成特殊的控制键

续表

按　　键	名　称	作　　用
Alt	控制键	与其他键组合成特殊的控制键
Tab	制表定位	按一次，光标向右跳 8 个字符的位置
Caps Lock	大小写转换键	Caps Lock 灯亮为大写状态，否则为小写状态
Enter	回车键	命令确认，且光标转到下一行
Ins(Insert)	插入覆盖转换	插入状态是在光标左面插入字符，否则覆盖当前字符
Del(Delete)	删除键	删除光标右边的字符
PgUp(PageUp)	向上翻页键	光标定位到上一页
PgDn(PageDown)	向下翻页键	光标定位到下一页
Num Lock	数字锁定转换	Num Lock 灯亮时小键盘数字键起作用，否则为下档的光标定位键起作用
Esc	强行退出	可废除当前命令行的输入，等待新命令的输入或中断当前正执行的程序

2. 正确的操作姿势及指法

(1) 腰部坐直，两肩放松，上身微向前倾。

(2) 手臂自然下垂，小臂和手腕自然平抬。

(3) 手指略微弯曲，左右手食指、中指、无名指、小拇指依次轻放在 F 、D 、S 、A 和 J 、K 、L 、; 八个键位上，并以 F 键与 J 键上的凸出横条为识别记号，大拇指则轻放于空格键上。

(4) 眼睛看着文稿或屏幕。

输入时，目光应集中在稿件上，凭手指的触摸确定键位，初学时尤其不要养成用眼确定指位的习惯，如图 1-12 所示。单击“开始”按钮，移动鼠标到“所有程序”上，再移动鼠标到弹出的级联菜单中的“附件”，最后移动鼠标到弹出的级联菜单的“写字板”上，单击，即可打开写字板进行编辑。自己输入一些英文字母，注意以下几个内容的练习。

图 1-12　正确的操作姿势图

(1) 切换 Caps Lock 键，输入大小写字母。

(2) Caps Lock 指示灯亮，此时输入的是大写字母，在指示灯不亮的情况下，按住 Shift 键再按字母键，可实现大写字母的输入。

(3) 练习!、@、#、$、%、^、&等上档键的输入，方法是按 Shift 不放再按相应键。

(4) 练习 Backspace 键、Delete 键的使用，并体会它们的区别。

3. 指法练习

1) 摆好正确的姿势

初学键盘输入时，首先必须注意的是击键的姿势，如果初学时的姿势不当，就不能做到准确快速地输入，也容易疲劳。正确的姿势应该做到以下几点。

(1) 腰背应保持挺直而向前微倾，身体稍偏于键盘右方，全身自然放松。

(2) 应将全身重量置于椅子上，座椅要调节到便于手指操作的高度，使肘部与台面大致平行，两脚平放，切勿悬空，下肢宜直，与地面和大腿形成 90°直角。

(3) 上臂自然下垂，上臂和肘靠近身体，两肘轻轻贴于腋边，手指微曲，轻放于规定的基本键位上，手腕平直。人与键盘的距离，可通过移动椅子或键盘的位置来调节，以调节到人能保持正确的击键姿势为佳。

(4) 显示器宜放在键盘的正后方，与眼睛相距不少于 50 cm，输入原稿前，先将键盘右移 5 cm，再将原稿紧靠在键盘左侧放置，以便阅读。

2) 熟练掌握打字的基本键位

位于主键盘第三排上的 A、S、D、F 及 J、K、L、;这八个键位就是基本键位，也称原点键位。

在开始击键之前，各手指的正确放置方法如下：

(1) 将自己的左手小指、无名指、中指、食指分别置于 A、S、D、F 键上；

(2) 左手大拇指自然向掌心弯曲；

(3) 将右手食指、中指、无名指、小指分别置于 J、K、L、;键上；

(4) 右手大拇指可以轻置在空格键上；

(5) 左手食指还要负责 G 键，右手食指还要负责 H 键。

只要时间允许，双手除拇指以外的 8 个手指应尽量放在基本键位上。

3) 掌握指法分区表

在熟练掌握基准键位的基础上，对于其他字母、数字、符号都采用与 8 个基本键位对应的位置来记忆。例如，用击 S 键的左手无名指击 W 键，用击 L 键的右手中指击 O 键。掌握键盘指法分区表很关键，键盘的指法分区表如图 1-13 所示。凡两斜线范围内的字键，都必须用规定的手的同一指进行操作。值得注意的是，每个手指到基本键位以外的其他排击键结束后，只要时间允许都应立即退回基本键位。请对照指法分区表加以练习。

4) 空格键的击法

右手从基本键位上迅速垂直上抬 1～2 cm，大拇指横着向下一击并立即收回，便输入了一个空格。

5) 换行键的击法

需要进行换行操作时，提起右手击一次 Enter 键，击后右手立即退回相应的基本键位上。注意小拇指在收回过程中保持弯曲，以免带入“;”。

图 1-13　指法分区表

6) 大写字母键的击法

(1) 首字母大写操作。

通常先按下 Shift 键不动，用另一只手相应手指击下字母键。若遇到需要用左手弹击大写字母时，则用右手小指按下右端 Shift 键，同时用左手的相应手指击下要弹击的大写字母键，随后右小拇指释放 Shift 键，再继续弹击首字母后的字母；同样地，若遇到需要用右手弹击大写字母时，则用左手小指按下左端 Shift 键，同时用右手的相应手指击下要弹击的大写字母键，随后左小指释放 Shift 键，再继续弹击首字母后的字母。

(2) 连续大写的指法

通常将键盘上的大写锁定键 Caps Lock 按下后，则可以按照指法分区的击键方式来连续输入大写字母。

7) 数据录入的指法

(1) 纯数字录入指法。

纯数字录入指法有以下两种方式。

一是将双手直接放在主键盘的第一排数字键上，与基本键位相对称，用相应的手指弹击数字键。

二是当用小键盘上的数字键录入时，先用右手弹击小键盘上的数字锁定键 Num Lock，目的是将小键盘上的数字键转换成数字录入状态，此时小键盘上方的 Num Lock 指示灯变亮，然后将右手食指放在 4 键上，无名指放在 6 键上。食指移动的键盘范围是 7、4、1、0，无名指的移动范围是 9、6、3，中指的移动范围是 8、5、2 和小数点。

(2) 西文、数字混合录入指法。

将手放在基本键位上，按常规指法录入。由于数字键离基本键位较远，弹击时必须遵守以基本键位为中心的原则，依靠左、右手指敏锐和准确的键位感来衡量数字键离基本键位的距离和方位。每次要弹击数字键时，掌心略抬高，击键的手指要伸直。要加强触觉键盘位感应，迅速击键，击完后立即返回基本键位。

8) 符号键指法

符号键绝大部分处于上档键位上，位于主键盘的第一排及其右侧。因此，录入符号时应先按住上档键 Shift 不动，再弹击相应的双字符键，输出相应的符号。击键时注意力要集中，动作协调且敏捷，击完后各手指要立即返回到相应的基本键位上。

9) 编辑键的使用

输入一段英文字母，然后用 Esc、Backspace、Delete、Insert 这几个键进行作废、删除和插入的操作。

10) 训练方法

(1) 步进式练习。例如，先练习基本键位的 S、D、F 及 J、K、L 这几个键，做一批练习；再加入 A 键和；键一起练，再做一批练习；然后对基本键位的上、下排各键进行指法练习。

(2) 重复式练习。练习中可选择一篇英文短文，反复练习一二十遍，并记录观察自己完成的时间，以及测试自己打字的速度，这种训练方式可以借助相关打字软件来练习。

(3) 集中练习法。要求集中一段时间主要用来练习指法，这样能够取得显著的效果。

(4) 坚持训练盲打。不要看键盘，可以放宽速度的要求，刚开始不要急于贪求速度。

实验 3 鼠标操作

一、实验目的

(1) 掌握鼠标的操作及使用方法。

(2) 掌握正确的操作姿势。

二、实验内容

1. 鼠标的基本操作

目前，鼠标在 Windows 环境下是一个主要且常用的输入设备。鼠标的操作有单击、双击、移动、拖动、与键盘键组合等。

单击：快速按下鼠标键。单击左键是选定鼠标指针下面的任何内容，单击右键是打开鼠标指针所指内容的快捷菜单。一般情况下，若无特殊说明，单击操作均指单击左键。

双击：快速击键两次(迅速的两次单击)。双击左键是首先选定鼠标指针下面的项目，然后再执行一个默认的操作。单击左键选定鼠标指针下面的内容，然后再按回车键的操作与双击左键的作用完全一样。若双击鼠标左键之后没有反应，说明两次单击的速度不够迅速。

移动：不按鼠标的任何键移动鼠标，此时屏幕上鼠标指针相应移动。

拖动：鼠标指针指向某一对象或某一点时，按下鼠标左键不松开，同时移动鼠标至目的地时再松开鼠标左键，鼠标指针所指的对象即被移到一个新的位置。

与键盘键组合：有些功能仅用鼠标不能完全实现，需借助于键盘上的某些按键组合才能实现所需功能。如与 Ctrl 键组合，可选定不连续的多个对象；与 Shift 键组合，选定的是单击的两个对象所形成的矩形区域之间的所有文件；与 Ctrl 键和 Shift 键同时组合，选定的是几个文件之间的所有文件。

2. 练习鼠标的使用

单击 Windows 7 的桌面上的“开始”按钮，移动鼠标到“所有程序”，再移动鼠标到级联菜单的“附件”，再移动鼠标到“游戏”中的“地雷”,单击“地雷”，打开“地雷”的游戏界面。先单击“帮助”菜单阅读一下游戏规则。了解游戏规则后，可进行游戏，在游戏时，注意练习鼠标的单击和双击。

实验4　汉字输入法练习

一、实验目的

(1) 熟悉汉字系统的启动及转换。

(2) 掌握一种汉字输入方法。

(3) 掌握英文、数字、全角字符、半角字符、图形符号和标点符号的输入方法。

二、实验内容

(1) 开机启动 Windows 7。

(2) 选择汉字输入法。

(3) 在任务栏上打开"开始"菜单，选择"所有程序"，单击"Microsoft Office"→"Microsoft Office Word 2010"选项，启动 Word 2010。

(4) 汉字输入法的转换。

在 Windows 中，汉字输入法的选择及转换方法有三种：

① 单击任务栏上的输入法指示器可选择输入方法；

② 打开"开始"菜单，选择"控制面板"，在"控制面板"窗口中双击"输入法"图标，在"输入法属性"对话框中单击"热键"标签，在其选项卡下选择一种输入法(如切换到王码五笔型输入法)后，单击"基本键"输入框的列表按钮，选择"1"，在"组合键"区的"Alt"及"左键"前面的复选框中单击，出现对钩标志，单击"确定"后关闭"控制面板"窗口，此时按下字符键区左边的 Alt 键并按数字键 1，即可将输入法切换成所选(如五笔)输入法。

③ 按 Ctrl+空格键，可实现中英文输入的转换。

④ 按组合键 Ctrl+Shift 反复几次直至出现要选择的输入法。

(5) 全角/半角的转换及中英文字符的转换。

① 单击输入法状态条上的半月形或圆形按钮，可实现半角与全角的转换。

② 单击输入法状态条上的标点符号按钮，可实现英文标点符号与中文标点符号的转换。

(6) 选择一种输入法后，在 Word 编辑状态下，输入一些文字。

(7) 特殊符号的输入。

需输入符号时，打开"插入"菜单，执行"符号"或"特殊符号"命令，在弹出的对话框中选择所需的符号后，单击"插入"按钮。"符号"对话框中包含了所有安装的各种符号，"特殊符号"对话框中包含了常用的数字序号、标点符号、拼音符号等。

实验5　了解和熟悉计算机系统

一、实验目的

(1) 把所学的知识与实际相结合。

(2) 熟悉键盘的基本组成及键位。

(3) 熟练计算机的开机、关机要领。

(4) 掌握正确的计算机操作方法。

(5) 掌握鼠标的操作及使用方法。

二、实验内容

调查一台微机，了解以下情况：

(1) 出厂日期；

(2) 安装的操作系统；

(3) CPU 的类型、主频、字长；

(4) 内存大小，硬盘的型号、容量；

(5) 显示器的分辨率、刷新频率；

(6) 系统安装的应用软件。

实验 6　了解和熟悉计算机软件

一、实验目的

(1) 了解具体一台计算机上的软件系统。

(2) 熟悉本机上的系统软件。

(3) 熟悉本机上的应用软件。

(4) 掌握操作系统的名称、功能和使用技术。

(5) 掌握应用软件及使用方法。

二、实验内容

调查一台微机，了解以下情况：

(1) 操作系统的名称、类型、版本；

(2) 调用本机上的操作系统；

(3) 除操作系统外，本机上还安装了哪些系统软件；

(4) 检测本机内存的大小；

(5) 检查本机显示器的刷新频率和分辨率。

第2章 Windows 7

2.1 本章主要内容

操作系统是系统软件的核心，操作系统管理计算机的硬、软件资源。操作系统的性能在很大程度上决定了计算机系统的工作。本章首先介绍操作系统的基本知识和概念，之后重点讲解目前在微型计算机上使用比较广泛的、Microsoft 公司的 Windows 7 操作系统，以及 Windows 7 的使用与操作方法。

2.2 习题解答

1. 单项选择题

(1) 在 Windows 7 中，以下说法正确的是(　　)。

A. 双击任务栏上的日期/时间显示区，可调整机器默认的日期或时间

B. 如果鼠标坏了，将无法正常退出 Windows

C. 如果鼠标坏了，就无法选中桌面上的图标

D. 任务栏总是位于屏幕的底部

A

(2) 在 Windows 7 中，以下说法正确的是(　　)。

A. 关机顺序是：退出应用程序，回到 Windows 桌面，直接关闭电源

B. 在系统默认情况下，右击 Windows 桌面上的图标，即可运行某个应用程序

C. 若要重新排列图标，应首先双击鼠标左键

D. 选中图标，再单击其下的文字，可修改文字内容

D

(3) 在 Windows 7 中，从 Windows 图形用户界面切换到“命令提示符”方式以后，再返回到 Windows 图形用户界面下，可以键入(　　)命令后回车。

A. Esc　　B. exit　　C. CLS　　D. Windows

B

(4) 在 Windows 7 中，可以为(　　)创建快捷方式。

A. 应用程序　　B. 文本文件　　C. 打印机　　D. 三种都可以

D

(5) 操作窗口内的滚动条可以(　　)。

A. 滚动显示窗口内菜单项　　B. 滚动显示窗口内信息

C. 滚动显示窗口的状态栏信息　　D. 改变窗口在桌面上的位置

B

(6) 在 Windows 7 中，若要退出一个运行的应用程序，(　　)。

A. 可执行该应用程序窗口的“文件”菜单中的“退出”命令

B. 可用鼠标右键单击应用程序窗口空白处

C. 可按 Ctrl+C 键

D. 可按 Ctrl+F4 键

A

(7) 搜索文件时，用(　　)通配符可以代表任意一串字符。

A. * B. ? C.1 D. <

A

(8) Windows 7 属于(　　)。

A. 系统软件 B. 管理软件 C. 数据库软件 D. 应用软件

A

(9) 双击一个窗口的标题栏，可以使得窗口(　　)。

A. 最大化 B. 最小化 C. 关闭 D. 还原或最大化

D

(10) 将文件拖到回收站中后，则(　　)。

A. 复制该文件到回收站 B. 删除该文件，且不能恢复

C. 删除该文件，但能恢复 D. 回收站自动删除该文件

C

2.简答题

(1) 为什么说在删除程序时，不能仅仅把程序所在的目录删除？

程序在安装时不仅仅在硬盘上安装的目录下留下文件，还在系统文件夹、注册表中留下了相应的信息，所以在删除文件时不能仅仅把程序所在的目录删除，而是要删除所有相关的信息。这样就必须依靠反安装程序，有些程序会自带自删除功能，而删除那些不具备反安装功能的程序就最好依靠 Windows 7 的控制面板中的“程序和功能”组件来完成删除。

(2) 如何改变任务栏的位置？

Windows 7 任务栏的默认位置是桌面的底部，不过用户可以根据自己的操作习惯改变其位置，方法是用鼠标指针指向任务栏的空白处，再按下左键并拖动到桌面的左端、右端或顶部，然后松开，就可以把任务栏移到这些地方。如果要恢复到默认位置，只要把它拖动到桌面底部即可。

注意，如果任务栏已经锁定，则先要用右键的快捷菜单解锁。

(3) 如何设置任务栏属性？

在“控制面板”中双击“任务栏和「开始」菜单”图标，或右击任务栏空白处，从快捷菜单中选择“属性”命令，系统弹出“任务栏和「开始」菜单属性”对话框，选择“任务栏”选项卡，便可在该对话框中设置任务栏的有关属性。

(4) 如果用户不习惯使用 Windows 7 的“开始”菜单，如何自定义格式？

在“控制面板”中双击“任务栏和「开始」菜单”图标，或右击任务栏空白处，从快捷菜单中选择“属性”命令，系统弹出“任务栏和「开始」菜单属性”对话框。

在“任务栏和「开始」菜单属性”对话框中选择“「开始」菜单”选项卡，再单击“自定义”按钮。

在弹出的“自定义「开始」菜单”对话框中进行相关设置。

(5) 如何使用 Windows 7 的记事本建立文档日志，用于跟踪用户每次开启该文档时的日期和时间(指计算机系统时间)?

打开记事本，在记事本文本区的第一行第一列开始输入大写英文字符.LOG 并按 Enter 键，然后保存这个.txt 文件。以后，每次打开这个文件时，系统就会自动在上一次文件结尾的下一行显示当时的系统日期和时间。

(6) 如何使“命令提示符”窗口设置为全屏方式?

在 DOS 窗口中单击“全屏幕”工具按钮或按 Alt+Enter 键。

有的 Windows 7 版本不支持全屏模式。

(7) 在 Windows 7 中，如何使用“录音机”进行录音、停止录音和继续录音?

打开附件中的“录音机”，单击“开始录音”按钮即可对着麦克风进行录音，单击“停止录音”按钮即停止录音并生成文件保存，同时录音机上的按钮变为“继续录音”按钮，单击即可继续。

3. 填空题

(1) Windows 7 预装了一些常用的小程序，如画图、写字板、计算器等，这些一般都位于“开始”菜单中“所有程序”级联菜单下的________中。

→附件

(2) 记事本是一个用来创建简单的文档的基本的文本编辑器。记事本最常用来查看或编辑文本文件，生成________文件。

→.txt

(3) 在记事本和写字板中，若创建或编辑对格式有一定要求的文件，则要使用________。

→写字板

(4) 在任务栏右键快捷菜单中，选中“锁定任务栏”命令，则任务栏被锁定在桌面的________位置，同时任务栏上的工具栏位置及大小________。

→当前；不能改变

2.3 实验指导

实验 1 启动和退出应用程序

一、实验目的

(1) 练习启动和退出应用程序的方法。
(2) 认识 Windows 7 的记事本程序。

二、实验内容

这里以启动和退出Windows 7的记事本程序为例，练习启动和退出应用程序的方法。

①单击按钮，打开“开始”菜单。

②如果在“开始”菜单的高频使用区中没有记事本程序，则要选择“所有程序”命令，打开所有程序列表。

③单击“附件”文件夹，找到记事本程序，将鼠标光标移动到“记事本”上单击，如图2-1所示。

④启动记事本程序，如图2-2所示。

⑤使用后，单击窗口右上角的 × 按钮退出记事本程序。

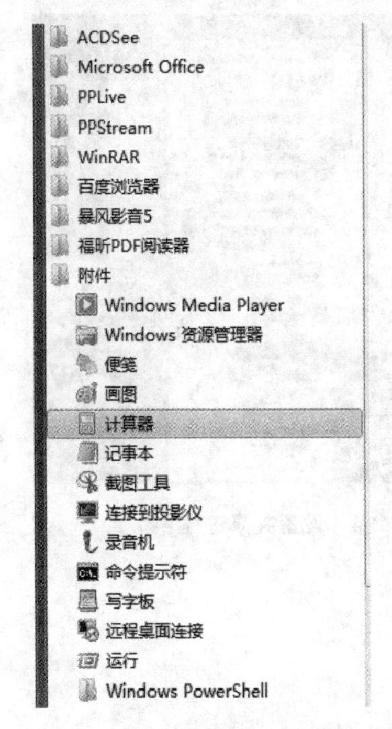

图 2-1　启动记事本程序的过程

图 2-2　记事本程序已启动

实验 2　窗口、菜单和对话框的综合应用

一、实验目的

(1) 练习窗口、菜单和对话框的联合操作方法。

(2) Windows 7 下共享文件夹的设置方法。

二、实验内容

(1) 窗口、菜单和对话框操作的综合应用。

(2) 文件夹共享属性的设置。

本实验以将 本地磁盘 (D:) 中的“照片”文件夹设置成共享文件夹为例，讲解在设置文件夹共享属性过程中，窗口、菜单和对话框的操作方法。

①使用鼠标双击桌面上的“计算机”图标，打开“资源管理器”窗口。

②在打开的“资源管理器”窗口中，通过左边的任务窗格选择 本地磁盘 (D:) 选项。

③将鼠标光标放到“照片”文件夹上，单击鼠标右键，在弹出的快捷菜单中选择“共享”→“特定用户”命令，如图2-3所示，打开“文件共享”对话框。

④在“选择要与其共享的用户”下拉列表框中选择“Everyone”选项为共享对象。

⑤单击 添加(A) 按钮将其添加到共享列表中。

⑥选择“Everyone”选项，单击 共享(H) 按钮完成共享，如图2-4所示。

⑦弹出“文件共享-您的文件夹已共享”对话框，单击 完成(D) 按钮，对话框关闭，完成设置。

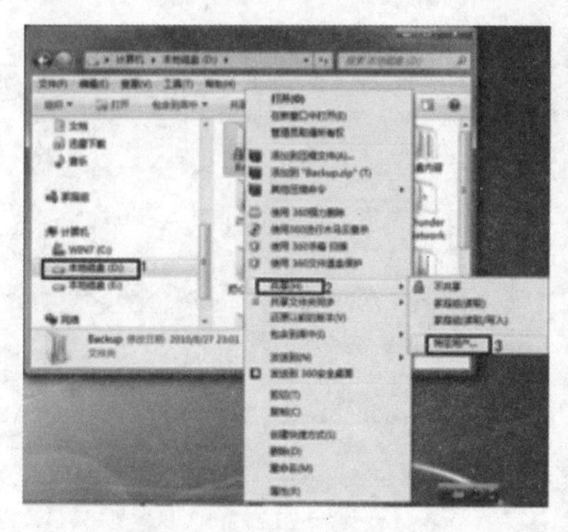

图 2-3　选择“特定用户”命令

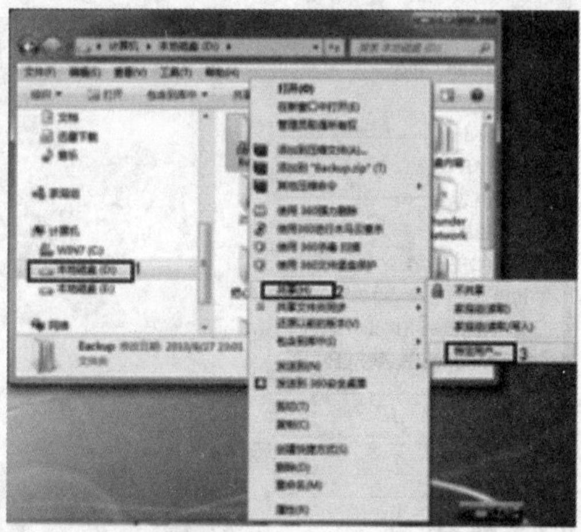

图 2-4　设置共享过程

实验 3　使用右键菜单方式新建文件夹

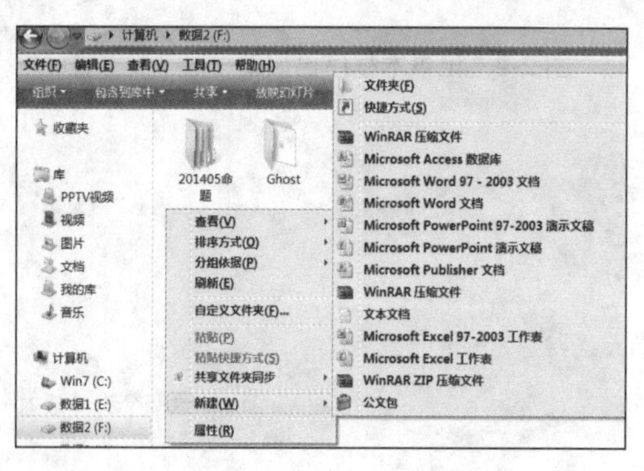

图 2-5　选择“新建”→“文件夹”命令

一、实验目的

(1) 练习文件夹的创建方法。

(2) Windows 7 下新建文件夹的命名法。

二、实验内容

(1) 使用右键菜单方式新建文件夹。

①双击桌面上的“计算机”图标，打开“资源管理器”窗口。

②单击左侧导航窗格中需要创建文件夹的磁盘分区选项，打开该磁盘分区窗口，在右侧文件显示区的空白处单击鼠标右键，在弹出的快捷菜单中选择“新建”→“文件夹”命令，如图 2-5 所示。

(2) 新建文件夹的命名。

在窗口中新建一个文件夹，文件夹的名称默认为“新建文件夹”，在文件夹名称反白显示的文本框中输入“教材”，然后按 Enter 键，完成新文件夹的创建，如图 2-6 所示。

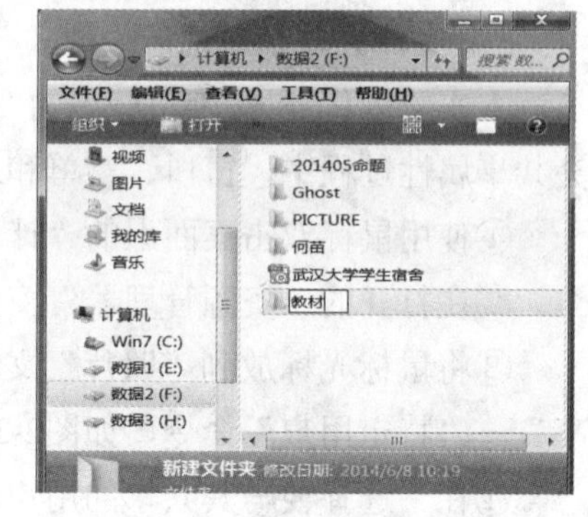

图 2-6　为新建文件夹命名

实验 4 文件夹的移动

一、实验目的

(1) 练习文件或文件夹的移动方法。
(2) 剪贴板的应用。
(3) 文件夹向库中移动。

二、实验内容

在“资源管理器”窗口中，将“练习”文件夹移动到库下的“文档”库中。

① 在资源管理器右侧窗口中选定“练习”文件夹后按Ctrl +X键将其剪切到剪贴板中。

② 在资源管理器的导航窗格中单击“库”下面的“文档”选项，打开 “文档”库窗口。

③ 在右侧窗口中按Ctrl +V键将剪切到剪贴板中的“练习”文件夹粘贴到库中的 “文档”库窗口中，完成文件夹的移动，如图2-7所示。

剪贴板是Windows中的一个重要应用，在将文件或文件夹剪切到剪贴板上后，文件夹窗口中并未有任何反应，这时用户可以打开目标文件夹窗口，将剪贴板上的内容粘贴到目标文件夹窗口中即可。

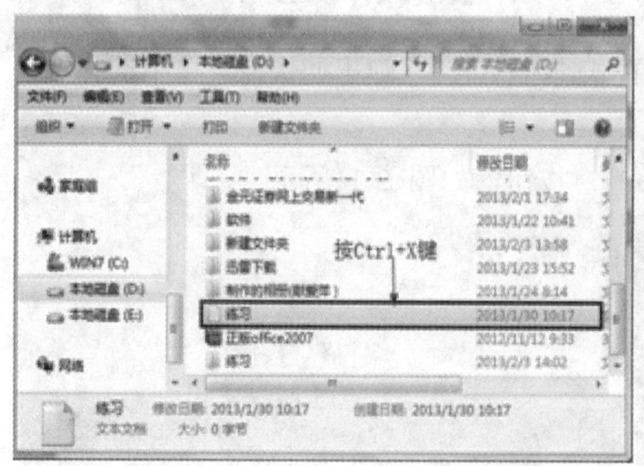

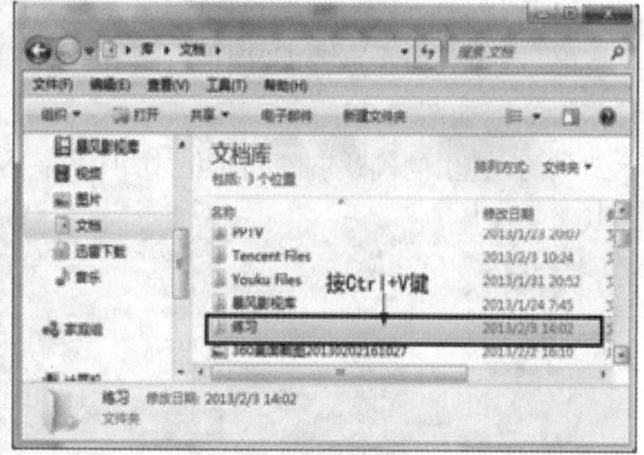

图 2-7 移动文件夹

实验 5 管理文件和文件夹及文件夹综合应用

一、实验目的

(1) 综合管理计算机中的文件和文件夹。
(2) 整理相关的文件和文件夹，使其使用起来更加方便。
(3) 通过实验，体会管理文件和文件夹的重要性。

二、实验内容

(1) 管理计算机中的“新教程相关”文件夹。
(2) 对新教程相关的文件进行整理。
(3) 文件的删除和恢复。

操作步骤如下。

① 打开磁盘中的“新教程相关”文件夹，单击“资源管理器”窗口工具栏中的 新建文件夹 按钮，并为新建文件夹输入名称“重要文件”，如图2-8所示。

② 选中“初识Windows 7.docx”和“Windows 7实验指导.docx”文件，将鼠标指针移动到选中的文件图标上，按住鼠标左键不放，拖动到“重要文件”文件夹图标上后释放鼠标，完成移动文件操作，如图2-9所示。

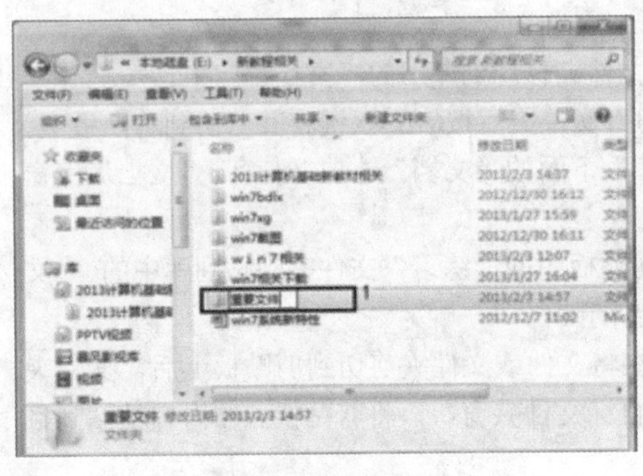

图 2-8　新建文件夹

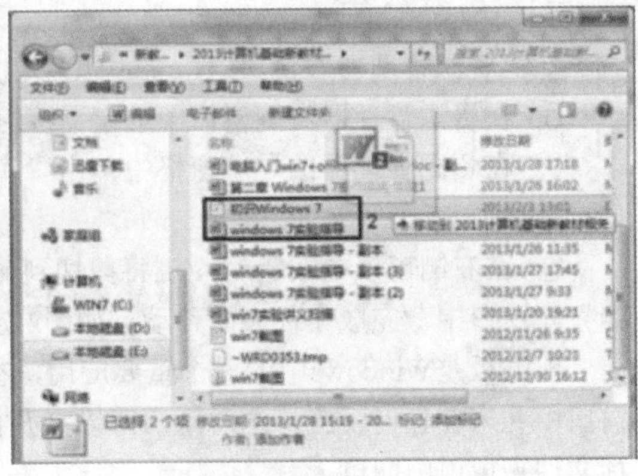

图 2-9　移动文件

③ 选中其他不需要的文件，在其图标上单击鼠标右键，在弹出的快捷菜单中选择“删除”命令，如图 2-10所示。

④ 在弹出的确认删除对话框中单击 是(Y) 按钮，如图 2-11所示。

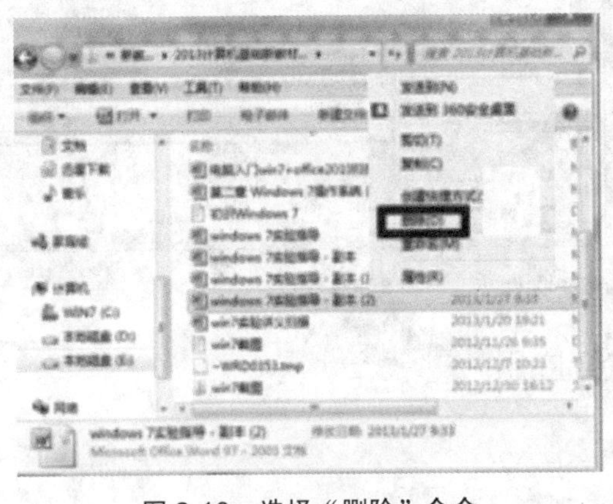

图 2-10　选择“删除”命令

图 2-11　确认删除

⑤ 双击桌面上的“回收站”图标，打开“回收站”窗口，选中需要恢复的文件，在其图标上单击鼠标右键，在弹出的快捷菜单中选择“还原”命令，如图 2-12所示。

⑥ 单击工具栏中的 清空回收站 按钮，在弹出的“删除多个项目”对话框中单击 是(Y) 按钮确定删除，如图 2-13所示。完成后关闭所有窗口。

由于在磁盘中存储的文件或文件夹数量庞大，因此只有学会合理管理文件或文件夹的技巧，才能在进行文件或文件夹操作时得心应手。

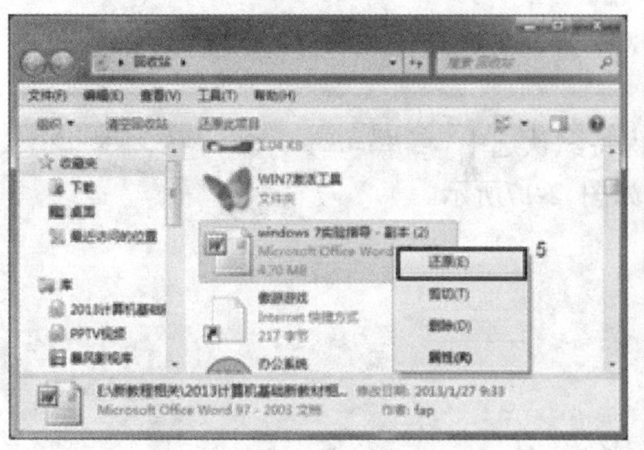

图 2-12 还原文件

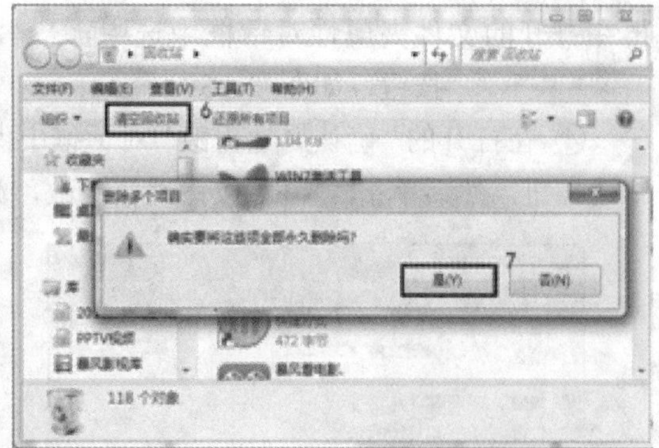

图 2-13 清空回收站

实验 6 搜索文件并设置文件夹属性综合应用

一、实验目的

(1) 综合管理计算机中的文件和文件夹。

(2) 搜索文件并设置文件夹属性。

(3) 通过实验，体会搜索文件的操作方法和文件夹属性的设置方法。

二、实验内容

本实验将通过搜索功能查找“重要资料”文件夹，并设置其属性，然后创建该文件夹的快捷方式到桌面。

操作步骤如下。

① 双击桌面上的“计算机”图标，打开“资源管理器”窗口，在窗口的搜索框中输入关键字“重要”，如图 2-14所示。

② Windows将自动搜索计算机中与“重要”相关的文件和文件夹，并在下方的显示区显示搜索结果。在搜索结果列表中选择需要查找的选项，在其图标上单击鼠标右键，在弹出的快捷菜单中选择“打开文件夹位置”命令，如图2-15所示。

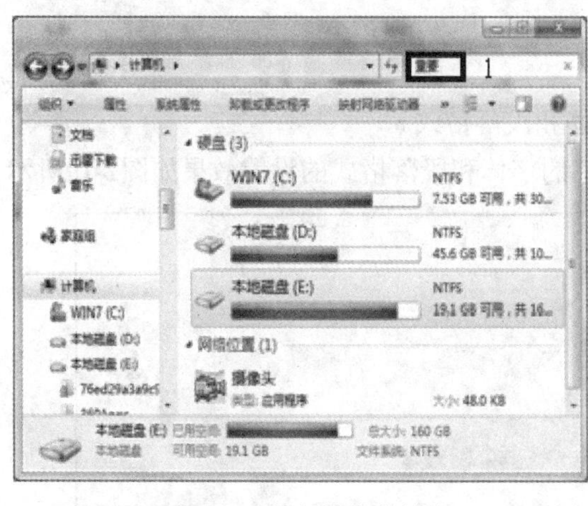

图 2-14 输入搜索关键字

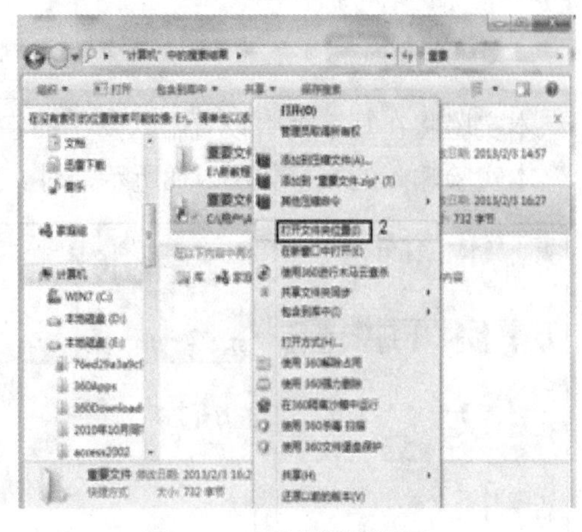

图 2-15 选择搜索结果

③ 在打开窗口的文件夹图标上单击鼠标右键，在弹出的快捷菜单中选择“属性”命令，

再在打开的文件夹属性对话框中选中☑只读(仅应用于文件夹中的文件)(R)复选框，然后单击 应用(A) 按钮，如图 2-16所示。

④ 在打开的“确认属性更改”对话框中保持默认选中 ◉将更改应用于此文件夹、子文件夹和文件 单选按钮，然后单击 确定 按钮确认更改，如图 2-17所示。

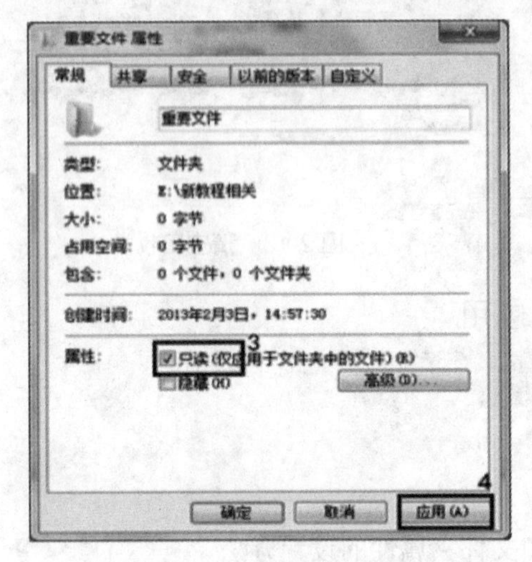

图 2-16　设置只读属性

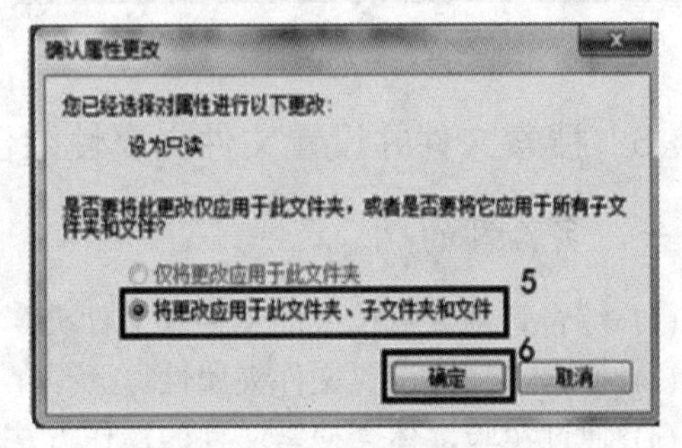

图 2-17　确认更改

⑤ 返回文件夹属性对话框，单击 确定 按钮关闭对话框，然后在“重要资料”文件夹图标上单击鼠标右键，在弹出的快捷菜单中选择“发送到”→“桌面快捷方式”命令，创建文件夹桌面快捷方式。

实验 7　写字板文字设置基础

一、实验目的

(1) 写字板应用。
(2) 写字板文字设置基本技术。

二、实验内容

本实验将在写字板中设置输入文字的字体和段落格式。

本实验输入的文字如图2-18所示，对文字的字体和段落格式的设置效果如图2-19所示。

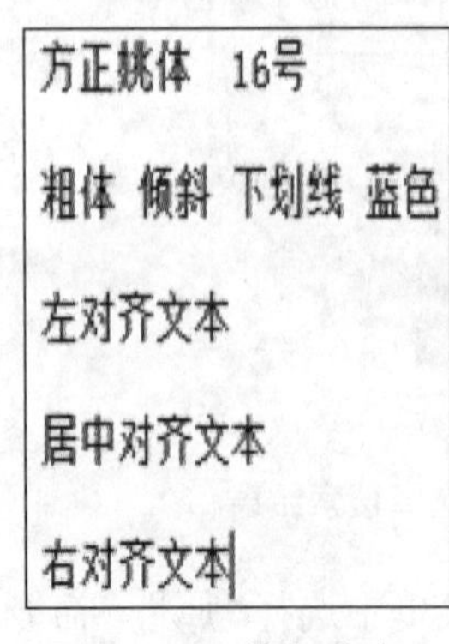

图 2-18　输入文字

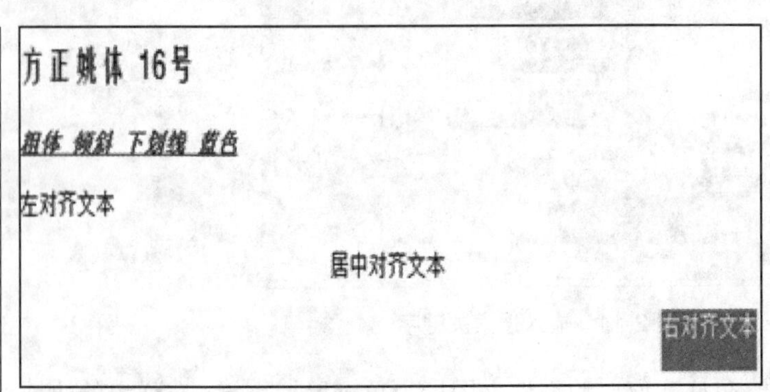

图 2-19　设置效果

操作步骤如下。

① 启动写字板程序，并输入“方正姚体　16号　粗体 倾斜　下划线　蓝色　左对齐文本　居中对齐文本　右对齐文本”等内容，如图2-18所示。

② 选择“方正姚体　16号”，在“字体”命令组中单击 宋体 右侧的 按钮，在弹出的下拉列表框中选择“方正姚体”选项。然后单击 11 右侧的 按钮，在弹出的下拉列表框中选择16选项。

③ 选择“粗体 倾斜　下划线　蓝色”，在“字体”命令组中依次单击“加粗”按钮 B、“倾斜”按钮 I 和“下划线”按钮 U；然后单击“字体颜色”按钮右侧的 按钮，在弹出的下拉列表框中选择“蓝色”。

④ 选择“居中对齐文本”，在“段落”命令组中单击“居中”按钮；选择“右对齐文本”，在“段落”命令组中单击“向右对齐文本”按钮。

⑤ 完成以上操作后，取消选择，得到如图2-19所示的效果图。

提示：在写字板中，默认情况下输入的文本均以“向左对齐文本”排列；单击 宋体 右侧的 按钮，在弹出的下拉列表框中选择带@的字体，在输入时字体会逆时针转动90° 显示。

实验 8　写字板文档编辑

一、实验目的

(1) 写字板综合应用。

(2) 利用写字板编辑一篇文档。

二、实验内容

(1) 在写字板程序中编写一篇“我的心情日记”，并对其中的文本格式、段落格式和颜色进行设置，然后将其保存在计算机中，最终效果如图 2-20 所示。

(2) 通过编写一篇“我的心情日记”这个练习，熟悉写字板的使用方法。

本实验输入的文字体裁是日记，内容自定；对文字的字体和段落格式的设置效果如图 2-20 所示。

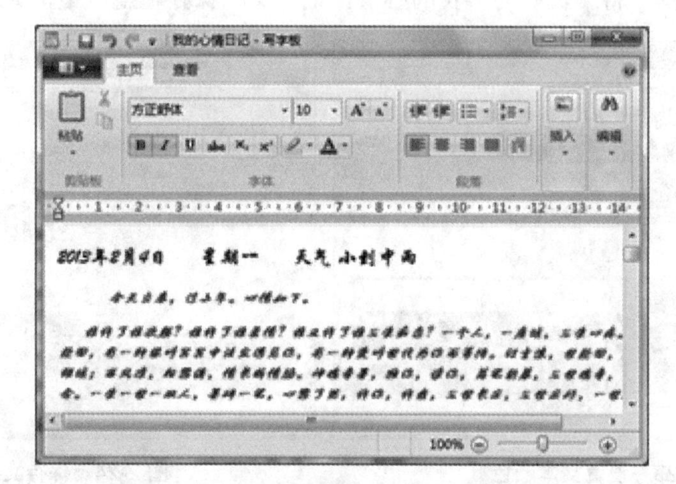

图 2-20　利用写字板编辑文档的最终效果

操作步骤如下。

① 单击开始按钮，在弹出的菜单中选择“所有程序”→“附件”→“写字板”命令，启动写字板程序。

② 将文本插入点定位在文本编辑区的左上侧，切换到需要的输入法后直接输入日期、星期和天气等内容，然后按Enter键将插入点移至下一行的行首，最后按6次空格键后输入日记的正文内容。

③ 选择第一行文本内容，在“字体”命令组中单击宋体右侧的按钮，在弹出的下拉列表框中选择“华文行楷”选项。然后单击11右侧的按钮，在弹出的下拉列表框中选择14选项，如图2-21所示。

④ 选择正文内容，在“字体”命令组中单击宋体右侧的按钮，在弹出的下拉列表框中选择“方正舒体”选项。然后单击11右侧的按钮，在弹出的下拉列表框中选择10选项，然后单击“加粗”按钮 B 和“倾斜”按钮 I，如图2-22所示。

图 2-21　设置首行文本格式

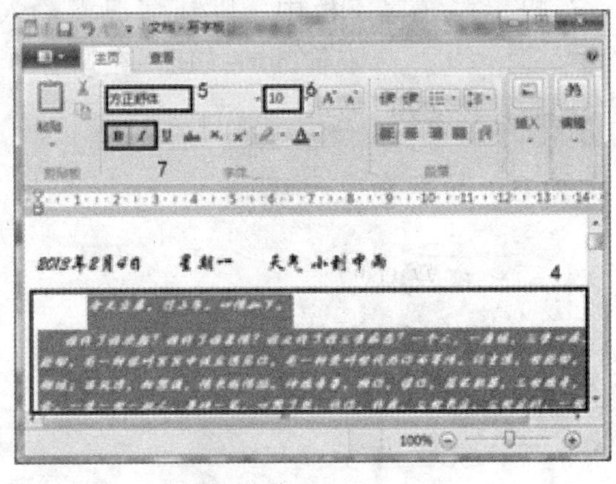

图 2-22　设置正文格式

⑤ 选择正文内容，在“字体”命令组中单击 A 右侧的按钮，在弹出的下拉列表框中选择“鲜蓝”，如图2-23所示。

⑥ 单击按钮选项卡中的按钮，在弹出的菜单中选择“保存”命令，再在打开的“保存为”对话框中将编辑好的“我的心情日记”文档保存在电脑中，如图2-24所示。

图 2-23　设置文本颜色

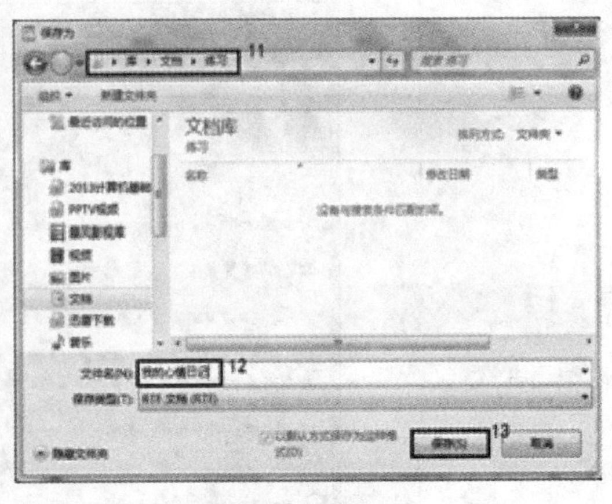

图 2-24　保存文本

实验9　在画图程序中绘制“草莓”图形

一、实验目的

(1) 了解画图程序基本工具的使用方法并熟悉绘制图形的过程。

(2) 通过使用画图程序的曲线、圆形、画笔、颜色等基本工具，绘制图形。

(3) 熟悉和实践绘制图形的过程。

二、实验内容

(1) 通过使用曲线、圆形、画笔、颜色等工具，绘制“草莓”图形。

(2) 了解画图程序基本工具的使用方法并熟悉绘制图形的过程。

操作步骤如下。

① 启动画图程序，单击“工具”命令组中的“用颜色填充”按钮，然后单击“颜色”命令组中的“红色”，最后再单击绘图区，将背景填充为红色，如图2-25所示。

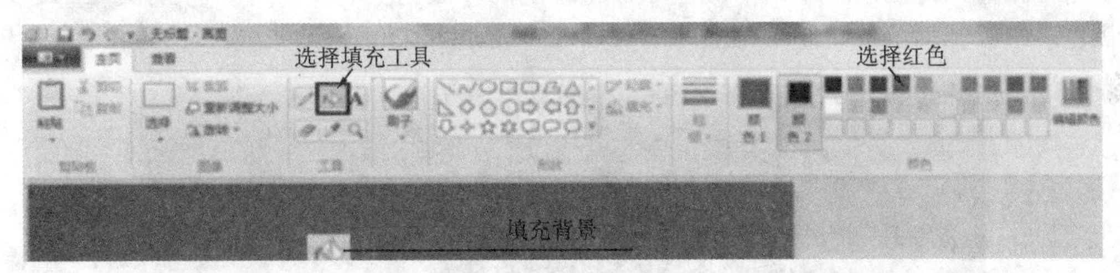

图 2-25　填充背景

② 单击“形状”命令组中的“曲线”按钮，然后在“颜色”命令组中单击“黑色”选项，将曲线设置为黑色。移动鼠标光标到绘图区，按住鼠标左键不放拖动鼠标，绘制出一条直线，如图2-26所示。

③ 将鼠标光标移至直线中间，按住鼠标左键往左拖动成曲线，如图2-27所示。需要注意的是，拖动曲线时需拖动两次才可定型曲线。

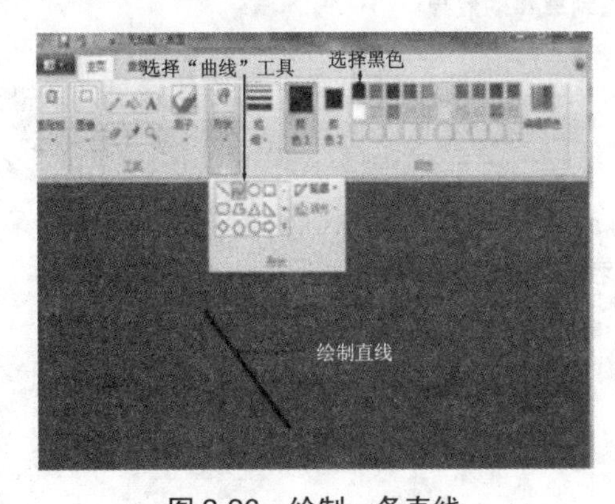

图 2-26　绘制一条直线

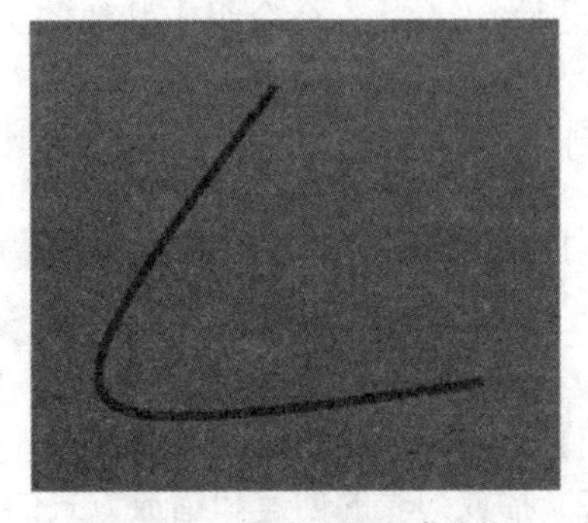

图 2-27　拖动两次完成曲线

④ 用类似的方法，利用“曲线”工具，绘制出草莓的主体部分，如图2-28所示。

⑤ 使用相同的方法绘制草莓的蒂图案，如图2-29所示。这里的草莓图案的绘制均是由多条曲线组成的。

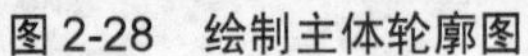

图 2-28　绘制主体轮廓图

图 2-29　填充草莓的蒂

⑥ 单击“形状”命令组中的“椭圆形”按钮，将鼠标光标移动到草莓的主体位置，拖动鼠标绘制草莓的刺；单击“颜色”命令组中的“黑色”选项，将“椭圆形”工具设置为黑色，继续拖动鼠标绘制草莓上的小点点，完成如图2-30所示的效果。

图 2-30　绘制草莓的效果

提示：“形状”命令组中其他的工具使用方法类似，均为选中后按住鼠标不放拖动；单击“颜色”命令组中的“编辑颜色”选项，可自定义更多的颜色，新添加的颜色将自动添加到默认颜色块下方的空白颜色块中。

实验 10　添加媒体文件并创建播放列表

一、实验目的

(1) Windows Media Player 的使用。

(2) 播放列表的创建和播放方式的设置。

二、实验内容

(1) 在 Windows Media Player 的媒体库中添加新的文件位置。

(2) 创建一个播放列表。

(3) 设置播放列表中的文件连续播放。

操作步骤如下。

① 选择“开始”→“所有程序”→“Windows Media Player”命令，打开 Windows Media Player 窗口。单击 组织(O) ▼ 按钮，在弹出的下拉菜单中选择“管理媒体库”→“音乐”命令，打开“音乐库位置”对话框。

② 单击 添加(A)... 按钮，打开“将文件夹包括在“音乐”中”对话框，在该对话框中找到需要添加的音乐文件夹，单击 包括文件夹 按钮，如图2-31所示。

③ 返回“音乐库位置”对话框，添加的文件夹显示在“库位置”列表中，如图2-32所示，单击 确定 按钮完成添加。

④ 单击窗口工具栏中的 创建播放列表(C) ▼ 按钮，创建一个“流行音乐”播放列表。

⑤ 单击“音乐”选项卡，在显示区显示了新添加的音乐库位置中的所有音乐，拖动其中的音乐到播放列表中，如图2-33所示。

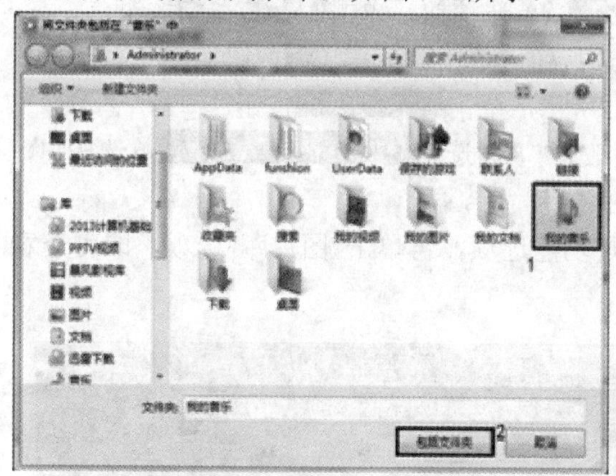

图 2-31　选择媒体库文件夹

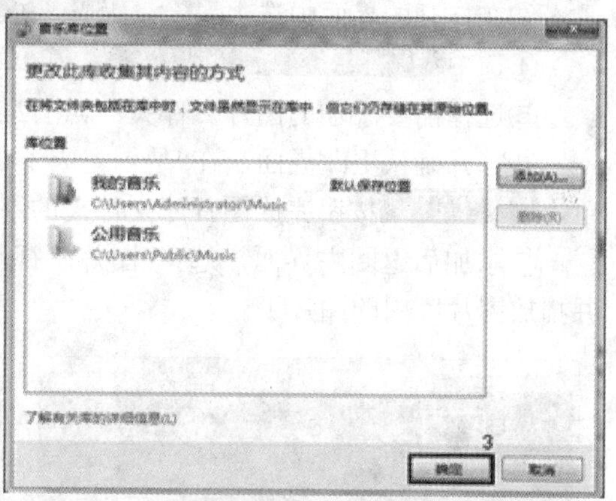

图 2-32　确认添加

图 2-33　添加播放列表文件

实验 11　添加图片库文件夹

一、实验目的

(1) Windows Media Center 的使用。

(2) 为Windows Media Center添加图片库文件夹。

(3) 播放这些图片文件。

二、实验内容

(1) Windows Media Center 的设置问题。

(2) 在 Windows Media Center 中添加图片库文件夹。

(3) 利用Windows Media Center播放图片文件。

操作步骤如下。

①启动Windows Media Center，在其主界面中选择“任务”工具选项，再单击“设置”选项进入设置界面。

②在列表中单击“媒体库”选项，在打开的界面中选中 图片 单选按钮，单击 下一步 按钮，如图2-34所示。

③在打开的界面中选中 向媒体库中添加文件夹 单选按钮，单击 下一步 按钮。

④选中 在此计算机上(包括映射的网络驱动器) 单选按钮，单击 下一步 按钮。

⑤选择需要添加的图片文件夹，如图2-35所示，单击 下一步 按钮。

⑥打开确认更改界面，在“是否完成了更改？”下面选中 是，使用这些位置 单选按钮，单击 完成 按钮完成图片库文件夹的添加。

⑦添加后返回主界面，选择“图片＋视频”功能选项，再单击“图片库”选项，即可查看并播放图片库中的图片了。

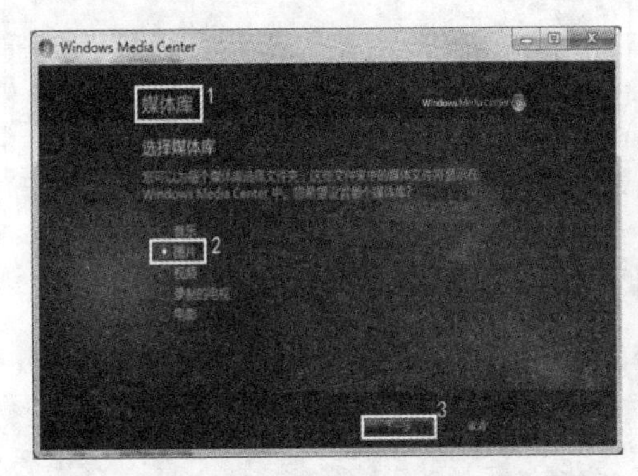

图 2-34　选择向“媒体库”中添加“图片”

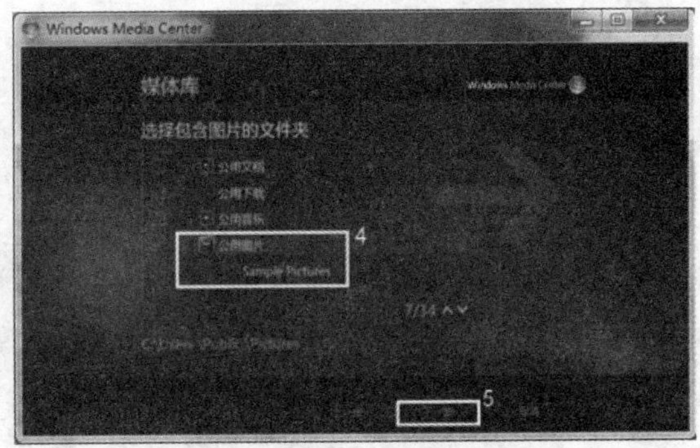

图 2-35　选择包含图片的文件夹

实验 12　为计算机设置屏幕保护程序

一、实验目的

(1) Windows 7 下的屏幕保护程序设置方法。

(2) “个性化”窗口应用。

二、实验内容

(1) Windows 7 个性化设置方法。

(2) 屏幕保护程序设置。

操作步骤如下。

① 在桌面空白处单击鼠标右键，在弹出的快捷菜单中选择“个性化”命令，打开“个性化”窗口。

② 在“个性化”窗口中单击右下角的“屏幕保护程序”超链接，打开“屏幕保护程序设置”对话框。

③ 在“屏幕保护程序”下拉列表框中选择一个程序选项，这里选择“三维文字”。

④ 在“等待”数值框中输入屏幕保护等待的时间，这里设置为10分钟。

⑤ 选中 ☑在恢复时显示登录屏幕(R) 复选框，单击 应用(A) 按钮应用，然后单击 确定 按钮关闭对话框，如图2-36所示。

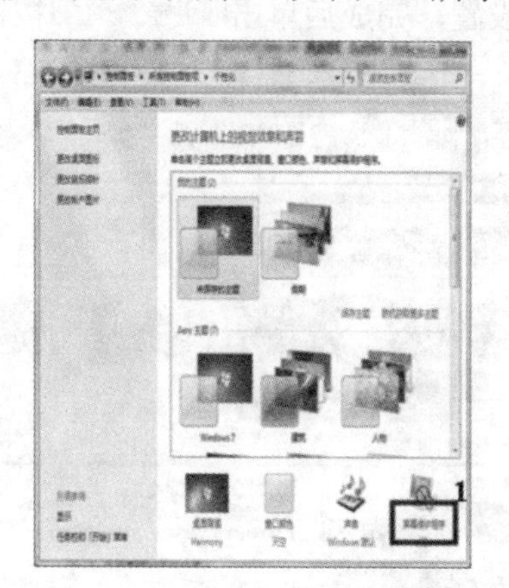

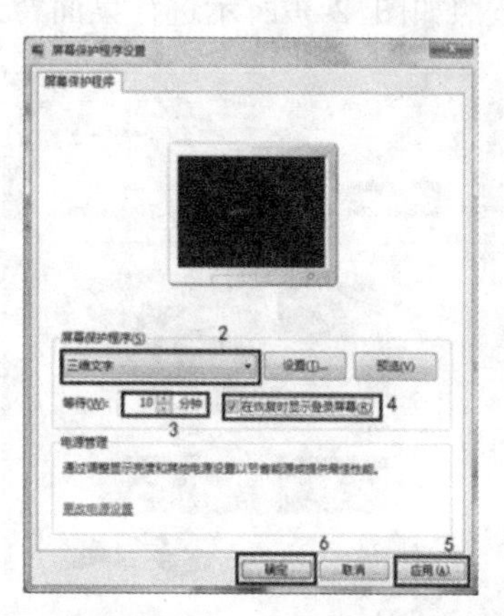

图 2-36 设置屏幕保护程序

注意：选中 ☑在恢复时显示登录屏幕(R) 复选框的作用是当需要从屏幕保护程序恢复正常显示时，将显示登录Windows屏幕，如果用户帐户设置了密码，则需要输入正确的密码才能进入桌面。

实验 13 设置个性化桌面

一、实验目的

(1) 为计算机设置个性化的桌面。

(2) 个性化桌面的效果设为图2-37。

二、实验内容

(1) Windows 7个性化桌面设置由用户自己自由完成，这里完成图2-37仅仅是操作举例。

(2) 个性化桌面设置得好，可使用户在使用计算机的过程中保持新鲜感。

图 2-37 个性化桌面效果图

操作步骤如下。

① 在桌面空白处单击鼠标右键，在弹出的快捷菜单中选择“个性化”命令，打开 “个性化”窗口，在中间的主题列表中选择一个主题，单击应用，这里选择“假期”，如图2-38所示。

② 单击窗口下方的“桌面背景”超链接，在打开的窗口中选择需要的背景图片，然后在窗口下方按照如图 2-39所示进行桌面背景设置，完成后单击保存修改按钮。

图 2-38　设置桌面主题

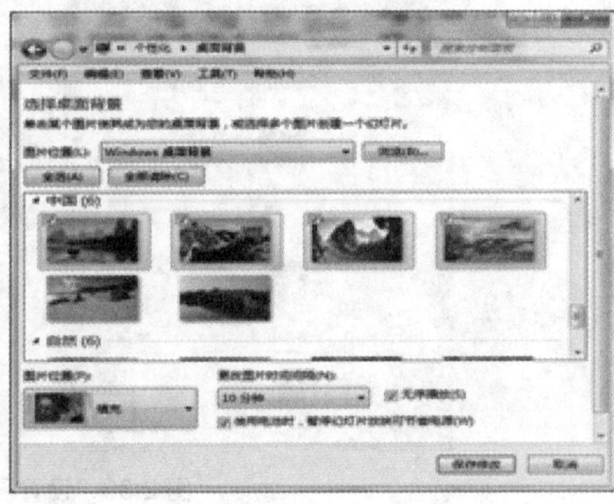

图 2-39　设置桌面背景

③ 返回“个性化”窗口，在窗口底部单击“屏幕保护程序”超链接，在打开的“屏幕保护程序设置”对话框中做如图 2-40所示的设置，完成后单击确定按钮。

④ 关闭“个性化”窗口，在桌面空白处单击鼠标右键，在弹出的快捷菜单中选择 “小工具”命令，再在打开的窗口中双击“中国日历”选项，桌面上出现中国日历，将其拖动到屏幕中间的顶部，如图2-41所示。

⑤ 关闭“小工具库”窗口，再在桌面空白处单击鼠标右键，在弹出的快捷菜单中选择“屏幕分辨率”命令，将分辨率设置为800×600，完成后停止操作计算机，等待5分钟后屏幕上将显示设置的屏幕保护程序。

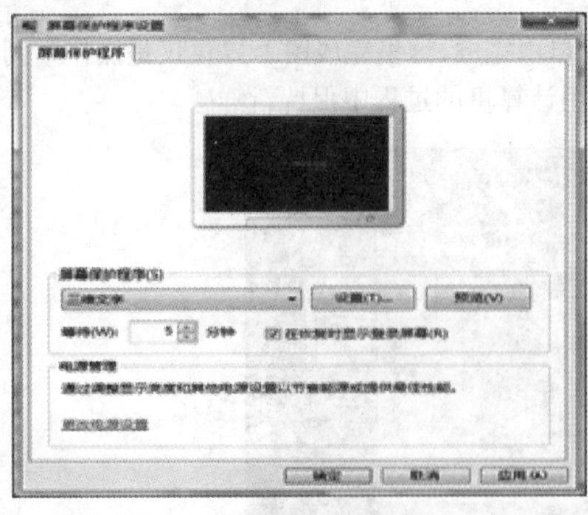

图 2-40　设置屏幕保护程序

图 2-41　设置桌面小工具

实验 14　创建标准用户帐户

一、实验目的

(1) 为计算机创建一个标准用户帐户。

(2) 用户帐户的创建方法。

二、实验内容

(1) 在 Windows 7 操作系统中完成用户帐户的创建。

(2) 控制面板的使用。

操作步骤如下。

① 选择“开始”→“控制面板”命令，打开“控制面板”窗口，单击“查看方式”后面的下拉按钮，在弹出的菜单中选择“大图标”选项，将查看方式设置为“大图标”显示，如图 2-42所示。

② 在“控制面板”窗口中单击“用户帐户”，打开“用户帐户”窗口，如图2-43所示。

③ 在“用户帐户”窗口中单击“管理其他帐户”超链接，如图 2-44所示，在打开的“管理帐户”窗口中单击“创建一个新帐户”超链接。

④在打开的“创建新帐户”窗口中输入新帐户的名称，如“2013新年”，并选中“标准用户”单选按钮，单击 创建帐户 按钮完成创建，如图 2-45所示。

图 2-42　切换查看方式

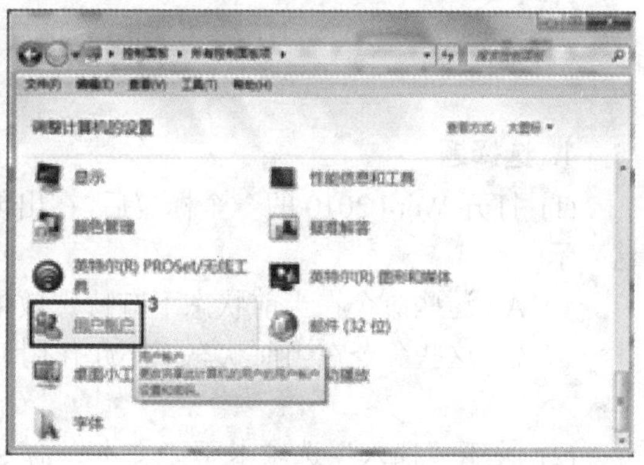

图 2-43　选择“用户帐户”选项

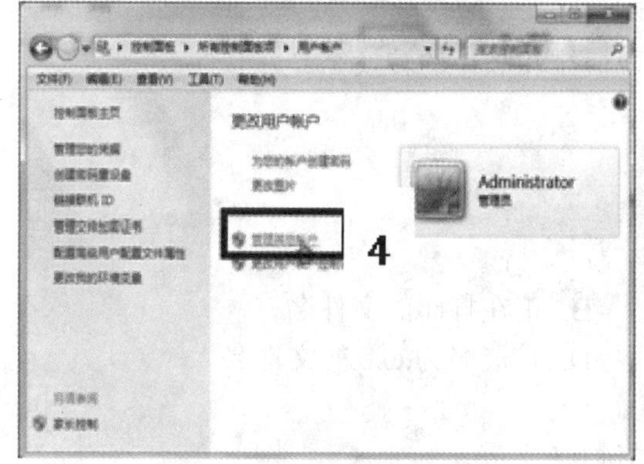

图 2-44　单击“管理其他帐户”

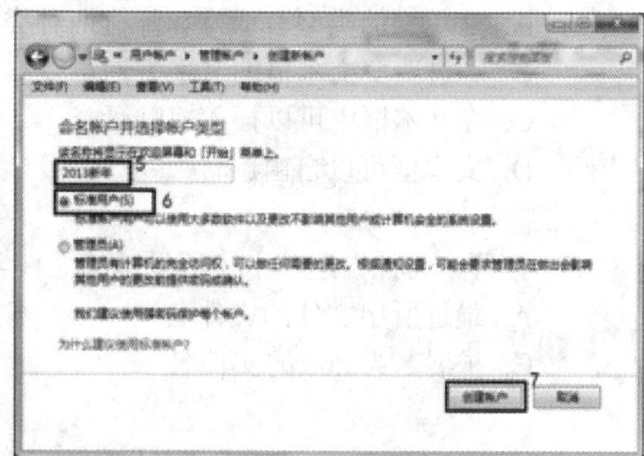

图 2-45　创建帐户

第3章 Word 2010

3.1 本章主要内容

在办公自动化中，文字处理或文档处理是不可缺少的一项重要工作。文档处理的最终目的，是将用户需要表达和传递的各种文字与图形表格信息，以美观的排版格式和各种令读者易于接受的表现形式，在纸质媒介上以黑白或彩色的形式打印出来，供读者阅读。

当前，国内普遍使用的文档处理系统是 Microsoft 公司的 Word 和金山公司的 WPS 。Word 2010 是 Office 2010 的重要组成部分，是 Microsoft 公司推出的一款优秀的文字处理软件，通过它可以制作各种类型的文档，在文档中插入图片进行美化，也可以将数据以表格和图表的形式呈现在文档中。

Word 的基本功能大致分为三个部分，即内容录入与编辑、内容的排版与修饰美化、效率工具。本章围绕这三个方面做重点介绍。虽然 Word 的功能和技术日趋复杂，频频升级，但基本上都是围绕上述三个方面做锦上添花的工作，学习时可根据实际需要将各种功能加以整合。

3.2 习题解答

1. 选择题

(1) 打开 Word 2010 的一个标签后，在出现的功能选项卡中，经常有一些命令是暗淡的，这表示(　　)。

A. 这些命令在当前状态下有特殊效果　　B. 应用程序本身有故障
C. 这些命令在当前状态下不起作用　　D. 系统运行故障

C

(2) 关于“插入”选项卡下“文本”命令组中的“文本框”命令，下面说法不正确的是(　　)。

A. 文本框的类型有横排和竖排两种类型
B. 通过改变文本框的文字方向可以实现横排和竖排的转换
C. 在文本框中可以插入剪贴画
D. 文本框可以自由旋转

B

(3) 打开“文件”选项卡，所显示的文件名是(　　)。

A. 最近所用文件的文件名　　B. 正在打印的文件名
C. 扩展名为.doc 的文件名　　D. 扩展名为.exe 的文件名

A

(4) 在 Word 2010 中，激活“帮助”功能的键是(　　)。

A. Alt　　B. Ctrl　　C. F1　　D. Shift

C

(5) 启动 Word 2010 后，默认建立的空白文档的名字是(　　)。

A. 文档 1.docx　　B. 新文档.docx　　C. Doc1.docx　　D. 我的文档.docx

A

(6) 将文档中一部分文本内容复制到其他位置，先要进行的操作是(　　)。

A. 粘贴　　B. 复制　　C. 选择　　D. 剪切

C

(7) 在 Word 2010 编辑状态下，若要调整左右边界，比较直接、快捷的方法是(　　)。

A. 标尺　　B. 格式栏　　C. 菜单　　D. 工具栏

A

(8) 用(　　)中的裁剪功能可以把插入到文档中的图形剪掉一部分。

A. “图片工具”选项卡　　B. “开始”选项卡

C. “插入”选项卡　　D. “视图”选项卡

A

(9) 在 Word 文档中，要编辑复杂数学公式，应使用“插入”选项卡中(　　)命令组中的“公式”命令。

A. “插图”　　B. “文本”　　C. “表格”　　D. “符号”

D

(10) 如果在 Word 2010 的文档中，插入页眉和页脚，应使用(　　)。

A.“引用”选项卡 B.“插入”选项卡　C.“开始”选项卡　D.“视图”选项卡

B

2. 名词解释

(1) PDF 文档：

PDF(portable document format)是 Adobe 公司开发的电子文件格式，用 Acrobat 软件可以浏览这种文件，但 PDF 格式的文档是不能被编辑的。这种文件格式与操作系统平台无关，也就是说，PDF 文件不管是在 Windows、Unix 还是苹果公司的 Mac OS 操作系统中都是通用的。这一特点使它成为电子文档发行和数字化信息传播的理想文档格式。越来越多的电子图书、产品说明、公司公告、电子邮件开始使用 PDF 格式文件。

(2) 移动文本：

移动文本指将文本从一个位置移动到另一个位置，以便重新组织文档的结构。

(3) 字符格式：

字符格式决定文本在屏幕和打印机上的出现形式，包括设置基本的字体、字号、字形、字体颜色、字符间距、边框和底纹等。

(4) 字形：

字形是指文字的显示效果，如加粗、下划线、倾斜、删除线、上标和下标等。

(5) 字符间距：

字符间距是指文本中相邻字符之间的距离，包括标准、加宽和紧缩三种类型。

(6) 字符边框：

字符边框是指字符四周添加线型边框。

(7) 字符底纹：

字符底纹是指为文字添加背景颜色。

(8) 段落间距：

段落间距是指段落与段落之间的距离。

(9) 编号：

编号是指放在文本前具有一定顺序的字符。

(10) 项目符号：

项目符号是指放在文本前以强调效果的各类符号。

3. 填空题

(1) 第一个在 Windows 上运行的 Word 1.0 版出现在________年。

→1989

(2) Word 2010 创建的文档是以 ________为后缀名的文件。

→.docx

(3) 在“改写”状态下，输入的文本将________光标右侧的原有内容。

→覆盖

(4) 在“插入”状态下，将直接在光标处插入输入的文本，原有内容________。

→右移

(5) 按________键或用鼠标双击状态栏上的“改写”按钮，可在“改写”与“插入”状态之间切换。

→Insert

(6) 按 ________键删除插入点后一个字符。

→Delete

(7) 按 ________ 键删除插入点前一个字符。

→Backspace

(8) 选定需要删除的文本内容，按 Delete 键或________键可将选定内容全部删掉。

→Backspace

(9) Word 的三个基本功能是内容录入与编辑、内容的排版与修饰美化、________工具。

→效率

(10) 单击某个相应的选项卡，可以切换到相应的________。

→功能选项卡

4. 简答题

(1) Word 2010 的基本功能主要有哪些？

Word 的基本功能大致分为三个部分，即内容录入与编辑、内容的排版与修饰美化、效率工具。

(2) 简述 Word 2010“文件”选项卡的功能。

“文件”选项卡替代了原来位于程序窗口左上角的 Office 按钮。打开“文件”选项卡，用户能够获得与文件有关的操作选项，如“打开”“另存为”和“打印”等。

(3) Word 2010 文档的保存格式是什么？

Word 2010 以 XML 格式保存，其新的文件扩展名是在以前的文件扩展名后添加 x 或 m。x 表示不含宏的 XML 文件，而 m 表示含有宏的 XML 文件。

(4) 简述保存 Word 文档的方法。

① 单击快速访问工具栏中的“保存”按钮，打开“另存为”对话框，输入“文件名”，

选择“保存类型”后保存。

② 单击“文件”选项卡，在展开的菜单中单击“保存”或“另存为”命令。

另外，按 F12 键可以对当前文件“另存为”。

(5) 简述关闭 Word 文档的方法。

① 在要关闭的文档中单击“文件”选项卡，然后在弹出的菜单中选择“关闭”命令。

② 按组合键 Ctrl+F4。

③ 单击文档窗口右上角的关闭按钮。

(6) 简述 Word 2010 中插入符号的操作步骤。

① 将光标定位在要插入符号的位置，切换到功能区的“插入”选项卡，单击“符号”命令组中的“符号”按钮，在弹出的菜单中选择“其他符号”命令。

② 打开“符号”对话框，在“字体”下拉列表框中进行选择(不同的字体存放在不同的字符集中)，在下方选择要插入的符号。

③ 单击“插入”按钮，就可以在插入点处插入该符号。

(7) 简述 Word 2010 中设置字体的方法。

设置字体有以下两种方法。

① 单击功能区中的“开始”选项卡，在“字体”命令组中单击“字体”列表框右侧的向下箭头，出现“字体”下拉列表，在表中选择字体。

② 单击功能区中的“开始”选项卡，单击“字体”命令组右下角的“对话框启动器”按钮，出现“字体”对话框，在该对话框中选择字体。

(8) 简述 Word 2010 文档分节的观念。

分节就是将一篇文档分割成若干节，根据需要可以分别为每节设置不同的格式。所谓的“节”，是指用来对文档重新划分的一种方式。因为在默认情况下，Word 将整个文档看作一节。为了实现整篇文档不同部分具有不同的排版效果，经常需要人为地在文档中插入一些分节符。

分节符是指在表示节的结尾插入的标记，分节符包含节的格式设置元素，如页边距、页面的方向、页眉、页脚和页码的顺序。

(9) Word 2010 中有哪几种分节符可以选择？

Word 2010 中有四种分节符可以选择，分别是“下一页”“连续”“偶数页”和“奇数页”。

(10) 如何为 Word 2010 设置页码？

一篇文章由多页组成时，为了便于按顺序排列与查看，希望每页都有页码。使用 Word 可以快速地为文档添加页码。操作步骤如下：

① 切换到功能区的“插入”选项卡，在“页眉和页脚”命令组中单击“页码”按钮，弹出“页码”下拉菜单；

② 在“页码”下拉菜单中可以选择页码出现的位置，例如要插入到页面的底部，就选择“页面底端”，再从其子菜单中选择一种页码格式。

5. 操作题

(1) 为 Word 2010 的文档创建页眉和页脚。

操作步骤如下。

① 切换到功能区中的“插入”选项卡，在“页眉和页脚”命令组中单击“页眉”按钮，从弹出的菜单中选择页眉的格式。

② 选择所需的格式后，即可在页眉区添加相应的格式，同时功能区中显示“页眉和页

脚工具”选项卡。

③ 输入页眉的内容，或者单击“页眉和页脚工具”选项卡下的按钮来插入一些特殊的信息。例如：要插入当前的日期或时间，可以单击“日期和时间”按钮；插入图片，可以单击“图片”按钮，从弹出的“插入图片”对话框中选择所需的图片；要插入剪贴画，可以单击“剪贴画”按钮，从弹出的“剪贴画”任务窗格中选择所需的剪贴画。

④ 单击“页眉和页脚工具”选项卡下的“转到页脚”按钮，切换到页脚区中，页脚的设置方法与页眉相同。

⑤ 单击“页眉和页脚工具”选项卡下的“关闭页眉和页脚”按钮，返回到正文编辑状态。

(2) 对于双面打印的文档，请设置奇偶页不同的页眉和页脚。

操作步骤如下。

① 双击页眉区或页脚区，进入页眉或页脚编辑状态，并显示“页眉和页脚工具”选项卡的“设计”页。

② 选中“选项”命令组内的“奇偶页不同”复选框。

③ 此时，在页眉区的顶部显示“奇数页页眉”字样，可以根据需要创建奇数页的页眉。

④ 单击“页眉和页脚工具”选项卡的“设计”页下“导航”命令组中的“下一节”按钮，在页眉的顶部显示“偶数页页眉”字样，可以根据需要创建偶数页的页眉。如果要创建偶数页的页脚，可以单击“页眉和页脚工具”选项卡的“设计”页下“导航”命令组中的“转至页脚”按钮，切换到页脚区进行设置。

⑤ 设置完毕后，单击“页眉和页脚工具”选项卡的“设计”页下“关闭”命令组中的“关闭页眉和页脚”按钮。

(3) 请对 Word 2010 的文档进行打印之前的页面设置。

操作步骤如下。

页面设置是指对页边距、纸张、版式等进行设置。

① 切换到功能区中的“页面布局”选项卡，在“页面设置”命令组中单击“页边距”按钮，从弹出的菜单中选择页边距的格式。

② 如果选择“自定义边距”命令，将启动“页面设置”对话框，在该对话框中进行设置。

③ 在“页面设置”对话框的“页边距”选项卡下，对页边距参数进行相应的设置。

(4) 用自动创建表格的方法在 Word 2010 的文档中创建表格。

操作步骤如下。

① 将插入点置于文档中要插入表格的位置。

② 切换到功能区中的“插入”选项卡，在“表格”命令组中单击“表格”按钮，弹出插入表格的菜单。

③ 用鼠标在表格列表中拖动，以选择表格的行数和列数，同时在任意表格的上方显示相应的行列数。

④ 选定所需的行列数后，释放鼠标，即可得到所需的结果，同时功能区出现“表格工具”选项卡。

⑤ 在“表格工具”选项卡的“设计”页中，选择相应的命令按钮，对插入的空白表格进一步定义。

(5) 在 Word 2010 文档中插入剪贴画。

操作步骤如下。

① 将插入点定于要插入剪贴画的位置，切换到功能区中的“插入”选项卡，在“插图”命令组中单击“剪贴画”按钮，弹出“剪贴画”任务窗格。

② 在任务窗格的“搜索文字”框中输入剪贴画的关键字，若不输入任何关键字，Word则会搜索所有的剪贴画。

③ 单击“搜索”按钮进行搜索，搜索的结果显示在任务窗格的结果区中。

④ 单击所需的剪贴画。

3.3 实验指导

实验 1 文档的录入及编辑

一、实验目的

(1) 熟悉 Word 2010 的工作环境，掌握文档的创建、保存及打开。

(2) 掌握文本内容的选定及编辑。

(3) 掌握文本的查找、替换操作，了解英文单词的拼写校对功能。

(4) 掌握多个文档的操作方法，了解文档的不同显示方式。

二、实验内容

(1) 启动 Word 2010，在默认的“文档 1”中使用熟悉的输入法输入样张 3.1 文本内容，要求全部使用中文标点及半角英文,段首不要输入空格，一个段落完毕后按回车键，并以“W1_1.docx”为文件名保存在你的工作文件夹中。完成后关闭 Word 2010，并依据提示按要求保存文件。

样张 3.1

计算机的中央处理器(CPU)习惯上称为微处理器(Microprocessor)，是微型计算机的核心。由运算器和控制器 2 部分组成：运算器(也称执行单元)是微机的运算部件；控制器是微机的指挥控制中心。随着大规模集成电路的出现，使得微处理器的所有组成部分都集成在一块半导体芯片上，目前广泛使用的微处理器有：Intel 公司的 Pentium Pro(高能奔腾)、Pentium MMX(多能奔腾)、Pentium Ⅱ(奔腾二代)、Pentium Ⅲ(奔腾三代)、Pentium Ⅳ(奔腾四代)、AMD 公司的 AMD K5、AMD K6、AMD K7 等。

微处理器的型号常常可代表主机的基本性能水平，决定微型机的型号和速度。微处理器的字长一般有 8 位、16 位、32 位、64 位等。

(2) 启动 Word 2010，创建另一个新文档，输入样张 3.2 文本内容，完成后选择“文件”选项卡下的“保存”命令以“W1_2.docx”为文件名保存文件，不关闭窗口。

样张 3.2

CPU 的性能指标有：CPU 的时钟频率称为主频，主频越高，则计算机工作速度越快；主板的频率称为外频；主频与外频的关系为主频 = 外频 × 倍频数。

内部缓存(cache)，也叫一级缓存(L1 cache)。这种存储器由 SRAM 制作，封装于 CPU 内部，存取速度与 CPU 主频相同。内部缓存容量越大，则整机工作速度也越快。容量单位一般为 KB。

二级缓存(L2 cache)，集成于 CPU 外部的高速缓存，存取速度与 CPU 主频相同或与主板频率相同。容量单位一般为 KB ~ MB。

MMX(Multi-Media extension)指令技术，增加了多媒体扩展指令集的 CPU，对多媒体信息的处理能力可以提高 60%左右。

3D 指令技术，增加了 3D 扩展指令集的 CPU，可大幅度提高对三维图像的处理速度。

(3) 在“W1_2.docx”原有内容最前面一行插入标题“微处理器”，然后按原文件名保存。

(4) 选择“文件”选项卡下的“打开”命令，打开前面已创建的“W1_1.docx”文档；单击“开始”选项卡，在“编辑”命令组中单击“查找”命令，在弹出的对话框中将光标定位到“查找内容”文本框，输入文字“随着”，单击“查找下一处”按钮，关闭“查找和替换”对话框；光标移动到“随着”前再按回车键。从此句开始，另起一段。

(5) 光标移到“随着……”的段尾，按 Delete 键后与下一段合并；再定位光标到原第 3 段的段首，按 Backspace 键，完成合并,试体会上两键的不同删除方式。

(6) 将“W1_2.docx”文档中的标题“微处理器”移动到“W1_1.docx”的最前面一行。在任务栏单击“W1_2.docx”文档的图标，选中标题，单击“开始”选项卡下“剪贴板”命令组中的“剪切”按钮；再选中“W1_1.docx”文档的图标，光标定位到插入的第一行，方法同第(2)步，单击“开始”选项卡下“剪贴板”命令组中的“粘贴”按钮。

(7) 在“W1_2.docx”中选择“开始”选项卡下“编辑”命令组中“选择”下拉菜单中的“全选”命令，然后单击“开始”选项卡下“剪贴板”命令组中的“复制”按钮；切换到“W1_1.docx”窗口，光标定位到文本末，单击“开始”选项卡下“剪贴板”命令组中的“粘贴”按钮；关闭“W1_2.docx”窗口，提示存盘对话框中选“否”，不保存关闭“W1_2.docx”文档。

(8) 选定段落“微处理器的字长……”，拖曳所选段落到文档最后松手。将原“W1_1.docx”文档中最后一个段落“微处理器的字长……”移动到现文档的最后作为末段落。

(9) 将文档中最后一次出现的“微处理器”文字用“CPU”文字替换。将光标定位到文档末，打开“开始”选项卡下“编辑”命令组中的“替换”按钮，弹出“查找和替换”对话框，在该对话框中的“查找内容”和“替换为”文本框中分别输入“微处理器”和“CPU”，并在“更多”按钮下设置“搜索范围”向上，然后，单击“查找下一处”按钮，单击“替换”按钮。

(10) 利用“审阅”选项卡下“校对”命令组中的“拼写和语法”命令检查输入的中文和英文单词是否拼写错误。光标移到文本起始点，单击 “拼写和语法”按钮，进行检查。

(11) 在“视图”选项卡的“文档视图”命令组中，以不同视图模式显示文档，观察不同视图模式下的文档。

(12) 单击“文件”选项卡下的“另存为”命令，在弹出的“另存为”对话框里输入“W1”的文件名并存盘退出。

实验 2　Word 2010 排版功能应用

一、实验目的

(1) 学习 Office 中的主要组件 Word 2010 的强大排版功能。

(2) 图、文、表联合使用，实现混排。

(3) 充分发挥每一位同学的才干，使用 Word 2010 排版体现自己的独到之处。

二、实验内容

参照给出的样张 3.3，实现以下排版功能。

(1) 艺术字的设置(对象为标题)。

(2) 字体的设置：字体、字号、字体的颜色和字符间距等的设置。

(3) 段落的设置：首行缩进、段前、段后的间距、行间距。

(4) 底纹的设置。(注意：针对段落和针对文字的差别。)

(5) 分栏的设置。

(6) 项目符号的设置。(注意：理解在项目符号中自定义的文字位置及符号位置等功能。)

(7) 图片的插入。(注意：设置图片的大小及版式，理解图片各版式功能的区别。)

(8) 按样张插入表格。(注意：行距及列宽的调整，单元格的合并、表格的边框线型的设置。)

难点是某一个单元格列宽的调整。

样张 3.3

什么是科学精神

科学精神，是党、政府和学术界，经常谈论的话题，随着科普的深入，越来越多的学者认为，科学精神应该是科普最重要的内容。但是，科学精神的定义和内涵到底是什么呢？ 2001 年 1 月 12 日，中国科普研究所和科学时报共同主办了关于科学精神的高层次学术研讨会。对科学精神的内涵，学者们进行了非常激烈的争论。

《科技导报》副主编蔡德诚先生认为，科学精神的内涵起码包括了 6 个方面：1.客观的依据；2.理性的怀疑；3.多元的思考；4.平权的争论；5.实践的检验；6.宽容的激励。

中国社科院哲学所金吾伦教授认为，科学精神的内涵包括：1.求知求真求理，求知欲和好奇心；2.独立思考；3.勇于探索，不断创新，不怕失败，有理智和活跃的想象力；4.坚持真理，发扬不畏强暴的大无畏精神；5.确立正确的价值观，使研究成果有利于人类文明进步；6.遵守学术规范，不弄虚作假，不抄袭别人的学术成果，不武断，不专横；7.戒除成见，对已有理论、事实提出有依据的怀疑和批评争论；8.提倡合作交流的团队精神；9.无情的自我批评，切忌自我陶醉；10.运用并创造适合个人研究，提出问题，解决问题的科学方法。

于光远认为，科学精神的内涵就是求异谋同，独立思考和自由。中国社科院李惠国教授认为，科学精神的内涵是：1.实证精神；2.分析精神；3.开放精神；4.民主精神；5.革命精神。

从这些科学家和学者的观点中我们可以看出，他们虽然对科学精神内涵的看法不同，但是，大部分包含有这样几个基本内容：

1、 理性的怀疑

2、 求真求实

3、 追求真理

4、 民主、自由和开放性

5、 求证和检验的精神。

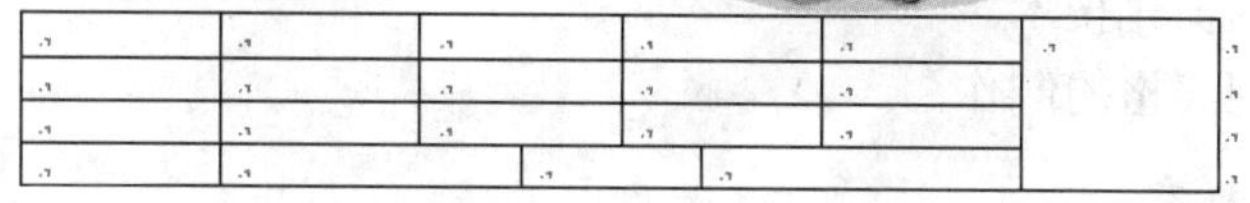

实验 3　Word 2010 表格功能应用

一、实验目的

(1) 学习和使用 Word 2010 的表格功能。

(2) 每一位同学主动地学习和实践。

(3) 掌握 Word 2010 的表格功能和制表的方法。

二、实验内容

在 Word 2010 下，设计一张工资情况表，参考样张 3.4。

要求完成的功能：每张工作表以月份为单位，包含每个人的工资详情。

主要的知识点：文字、数字等内容的录入，自动填充的功能，单元格的各项设置功能，工作表的增加及更名。

样张 3.4

工资情况表.xls

	A	B	C	D	E	F	G	H	I
1	工资情况表								
3	员工编号	姓名	部门	基本工资	全勤奖	工作奖	各种补助	扣除	实际工资
4	0001	吴艳晓	办公室	2100.00	300.00	450.00	240.00	210.00	2880.00
5	0002	何小飞	办公室	2100.00	280.00	450.00	240.00	180.00	2890.00
6	0003	李兵	办公室	1800.00	300.00	320.00	240.00	170.00	2490.00
7	0004	苏永刚	办公室	1800.00	250.00	320.00	240.00	190.00	2420.00
8	0005	程小梅	财务部	2100.00	280.00	450.00	210.00	165.00	2875.00
9	0006	吴佳	财务部	1800.00	260.00	320.00	210.00	135.00	2455.00
10	0007	周程	财务部	1800.00	230.00	320.00	210.00	120.00	2440.00
11	0008	孙艳涛	销售部	800.00	130.00	1800.00	400.00	120.00	3010.00
12	0009	刘志强	销售部	800.00	130.00	1700.00	400.00	180.00	2850.00
13	0010	胡鹏飞	销售部	800.00	100.00	1500.00	400.00	150.00	2650.00
14	0011	程思思	销售部	800.00	100.00	2300.00	400.00	140.00	3460.00
15	0012	何小飞	销售部	800.00	120.00	1200.00	400.00	160.00	2360.00
16	0013	杨丹	销售部	800.00	120.00	1500.00	400.00	130.00	2690.00
17	0014	朱群	生产部	1800.00	300.00	900.00	320.00	145.00	3175.00
18	0015	刘占	生产部	1600.00	300.00	800.00	320.00	165.00	2855.00
19	0016	康林林	生产部	1200.00	300.00	700.00	320.00	135.00	2385.00
20	0017	时友谊	生产部	1200.00	300.00	750.00	320.00	125.00	2445.00
21	0018	孙玟	生产部	1200.00	300.00	780.00	320.00	115.00	2485.00
22	0019	路遥	生产部	1200.00	300.00	600.00	320.00	130.00	2290.00

三月份 / 四月份 / 五月份 / 六月份 / 七月份 / 八月份

实验 4　表格制作与修饰

一、实验目的

(1) 进一步学习和掌握表格的创建方法、输入、编辑方法。

(2) 掌握表格的格式化。

(3) 表格的美化技术。

(4) 非常规表格的制作。

二、实验内容

完成样张 3.5、样张 3.6 和样张 3.7 等表格，这些都是需要一定技巧制作的表格。

样张 3.5

企业	企业名称					
	所在地址					
	企业性质			法人代表		
	电　话			传　真		
	通讯地址				邮政编码	
	帐　号		税号	开户行		
联系人	姓　名			身份证号码		
	部　门			职位		
	网　址			E-mail		
应用状况	所申请软件	□ Win NT Server		□ Novell	□Sco-Unix	
	机房环境			工作站数量		
				□30	□50	□100
	申请试用理由	签字盖章 年　月　日				

样张 3.6

实验室设备建设一览表				
电脑品牌	**机型**	**数量（台）**	**服务年限**	**备注**
维易达	386	40	3	正在使用
AST	AST-486	200	1	正在使用
同创	同创-586	150	0	准备启用
Apple	创易 610	20	3	正在使用
VO	VO-286	70	4.5	已经淘汰
SunShine	XT	70	5	已经淘汰
总计		550		

样张 3.7

课 程 表

时间 / 节 / 星期	上　午				下　午			
	1	2	3	4	5	6	7	8
星期一	线性代数		体育		普通物理			
星期二	Java 语言				哲学原理			
星期三	线性代数		Java 语言					
星期四	普通物理		大学英语				艺术教育	
星期五	线性代数				大学英语			

实验 5　公式编辑

一、实验目的

(1) 学习和使用 Word 2010 的公式编辑功能。

(2) 熟练应用编辑数学公式的方法。

(3) 掌握 Word 2010 的公式编辑方法和技巧。

二、实验内容

在编辑有关自然科学的论文时，经常会遇到各种数学公式。Word 提供的公式编辑器能以直观的操作方法帮助用户编辑各种数学公式。

这里首先做一个简单的求和公式来说明公式编辑器的用法，然后同学们编辑有比较复杂的数学或其他自然科学的公式的文档。

设有求和公式：
$$s(t)=\sum_{i=0}^{\infty}x_i^2(t)$$

操作步骤如下。

① 将光标定位在要插入公式的位置，打开功能区的“插入”选项卡，如图 3-1 所示。

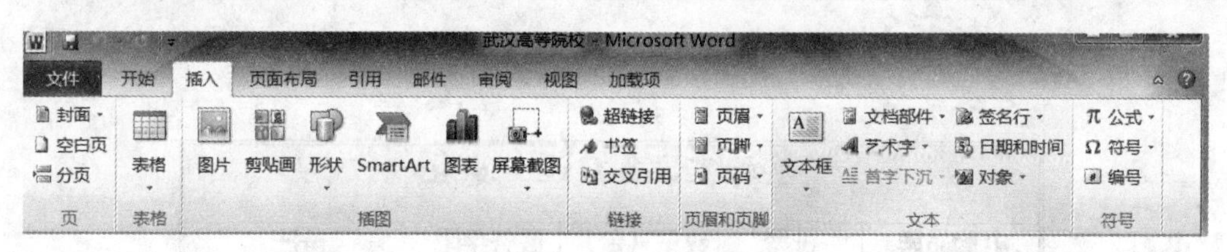

图 3-1　“插入”选项卡

从右边“符号”命令组中的“公式”下拉菜单中选择要插入的公式；或者单击右边“符号”命令组中的“公式”按钮，进入公式编辑状态，单击“公式工具”选项卡，启动“公式工具”选项卡的“设计”页，如图 3-2 所示。

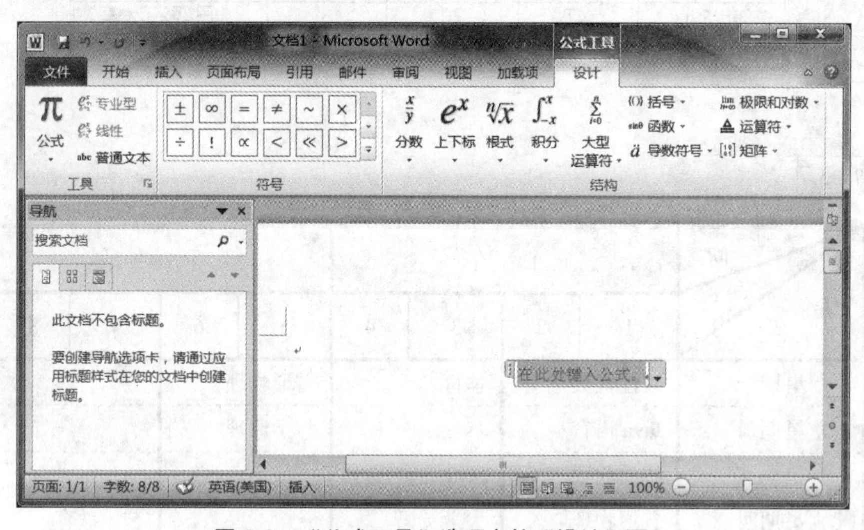

图 3-2　“公式工具”选项卡的“设计”页

② 插入公式后，可以利用“公式工具”选项卡的“设计”页中的工具对公式进行编辑，如在公式中插入符号，或者利用“结构”命令组中的模板直接插入公式的模板。

③ 公式编辑完成后，单击公式外的位置退出公式编辑状态。

公式插入文档后，就成为一个整体。用鼠标单击公式，公式会被选中，可以对其进行复制、粘贴、删除等操作。用鼠标拖动公式周围的小框，可以改变公式的大小。如果要对公式进行重新编辑，只需要用鼠标双击该公式，就可以自动进入图 3-2 所示的公式编辑器的窗口，重新进行编辑。

另外，再请编辑公式 $P(a \leqslant x \leqslant b)=\int_a^b f(x)\,\mathrm{d}x$。

实验6　图文混排

一、实验目的

(1) 掌握插入图片及设置对象格式的方法。
(2) 掌握艺术字的使用方法。
(3) 掌握文本框的使用方法。
(4) 了解绘制图形的操作方法。

二、实验内容

(1) 熟悉 Word 2010 各功能标签的选项卡组成元素即功能，并利用“插入”选项卡插入图片、剪贴画等。

(2) 完成下面的工作

在 Word 2010 的空文档中输入样张 3.8 文本，并保存为“W4_2.docx”。

将样张 3.8 排成样张 3.9 的操作步骤如下。

①打开文档 W4_2.docx，并设置页边距：上 2.8 厘米，下 3 厘米，左 3.2 厘米，右 2.7 厘米。

②设置字体与字号：第 1 段与第 4 段为楷体，小四；其他段落字体为宋体，五号。

③设置段落缩进：正文各段首行缩进 1 厘米，左右各缩进 0.5 厘米。

④设置行(段)字距：第 1 段为段前、段后各 6 磅；第 3 段段前、段后各 3 磅；最后一段段前 6 磅。

⑤在“插入”选项卡中使用“艺术字”命令设置艺术字：将标题中的“生动有趣的动物语言”设置为艺术字。艺术字式样：第 1 行第 1 列。字体：黑体。艺术字形状：细上弯弧。为该艺术字插入图文框，图文框填充色：黑色。按样张适当调整艺术字的大小和位置。

⑥设置分栏格式：将正文第 3 段文字设置为 2 栏，加分隔线。

⑦设置边框和底纹，设置正文第 5 段底纹。图案式样：15%，边框为方框，应用于段落。

⑧插入图文框，宽度为 7.2 厘米，高度为 3.2 厘米，无线条颜色。

⑨插入图片，在图文框中插入一幅来自文件的图片。

⑩设置脚注。

⑪设置页眉/页码。给样张添加页眉文字，并插入页码等，生成样张 3.9。

样张 3.8

生动有趣的动物语言

人有人言，兽有兽语。

动物学家发现，猴子会使用不同的声音来报告不同敌人的来临。如遇见豹子，它们会发出狗吠似的“汪汪”声；看见秃鹰，就发出一声低沉的喉音；见到逼近的毒蛇，则发出急促的“嘶嘶”声。

大雁的语言重在音调的变化上。当雁群在茫茫月光下沉睡时，担任哨兵的大雁却睁大警惕的眼睛，并不时从喉管中发出迟钝的“嗒嗒”声，这是说：平安无事，安心睡吧！要是发现了不祥之物，它便马上发出尖锐的“叽叽”声，唤醒群雁，准备撤退。

更为奇妙的是，动物也有“方言土语”。鸟类学者研究发现，美国密执安湖畔的乌鸦就不能与意大利佛罗伦萨郊区的乌鸦通话；城市的乌鸦与农村的乌鸦互不理解对方的“话语”。

动物语言学在科技的许多领域中都是大有可为的。苏联的鸟类学家在森林中播送表示欢迎的鸟语，吸引了大批益鸟在林中定居；当成群结队禁捕的大海豚在渔轮周围嬉闹而影响作业时，一阵阵表示危险的“嘟嘟”语言传入水中，顷刻之间，捣蛋鬼们便统统逃之夭夭了！

样张 3.9

◆生动有趣的动物语言◆

人有人言，兽有兽语。

动物学家发现，猴子会使用不同的声音来报告不同敌人的来临。如遇见豹子，它们会发出狗吠似的“汪汪”声；看见秃鹰，就发出一声低沉的喉音；见到逼近的毒蛇，则发出急促的“嘶嘶”声。

大雁的语言重在音调的变化上。当雁群在茫茫月光下沉睡时，担任哨兵的大雁却睁大警惕的眼睛，并不时从喉管

的“嗒嗒”声，这是说：平安无事，安心睡吧！要是发现了不祥之物，它便马上发出尖锐的“叽叽”声，唤醒群雁，准备撤退。

更为奇妙的是，动物也有“方言土语”。鸟类学者研究发现，美国密执安湖畔的乌鸦就不能与意大利佛罗伦萨郊区的乌鸦通话；城市的乌鸦与农村的乌鸦互不理解对方的“话语”。

动物语言学在科技的许多领域中都是大有可为的。苏联的鸟类学家在森林中播送表示欢迎的鸟语，吸引了大批益鸟在林中定居；当成群结队禁捕的大海豚在渔轮周围嬉闹而影响作业时，一阵阵表示危险的“嘟嘟”语言传入水中，顷刻之间，捣蛋鬼们便统统逃之夭夭了！

3.4　一个实用技术——邮件合并与打印

在工作或生活中，我们常常遇到这样的情况：需要向指定的一批人发送同内容的文档，在每份文档中只是名字、职位或其他某些信息不相同，如邀请函、工资表、学生成绩单等。

这类文档的特点是文档的主体内容相同，只是部分数据信息不同。使用邮件合并功能，就可以非常轻松地做好这份工作。邮件合并的原理是将发送的文档中相同的部分保存为一个文档，称为主文档，将不同的部分保存成另一个文档，称为数据源。

邮件合并的操作，主要就是主文档和数据源的创建，这两个文件创建好后，操作就变得异常轻松了，邮件合并的操作分三步完成。下面以某个邀请函为例，对邮件合并进行操作演示。

1.在主文档中打开数据源

首先我们在主文档中打开数据源文件，使二者联系起来。具体操作步骤如下。

(1) 打开主文档，在功能区中选择“邮件”选项卡，单击“开始邮件合并”命令组中的“选择收件人 ”按钮，在弹出的列表中选择“使用现有列表 ”命令，启动“选取数据源”对话框。

(2) 在“选取数据源”对话框中，在“文件名”文本框中定义好 Excel 数据源文件，如图 3-3 所示。

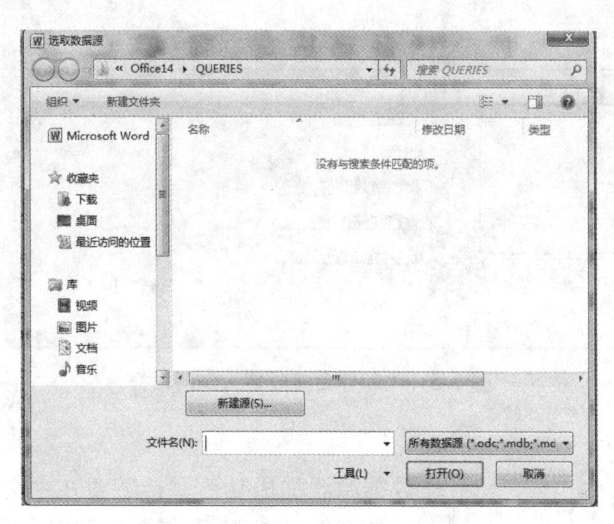

图 3-3　“选取数据源”对话框

(3) 单击“打开”按钮，弹出“选择表格”对话框，选择 Excel 工作表，如图 3-4 所示。

(4) 单击“确定”按钮后就打开了数据源文件。 此时“编辑收件人列表”按钮变为可用。

(5) 要编辑收件人列表，可以单击“开始邮件合并”命令组中的“编辑收件人列表”按钮，启动“邮件合并收件人”对话框，如图 3-5 所示。

(6) 在“邮件合并收件人”对话框中，除了列出每一条记录外，还可以让用户使用字段名称进行排序。

图 3-4 “选择表格”对话框

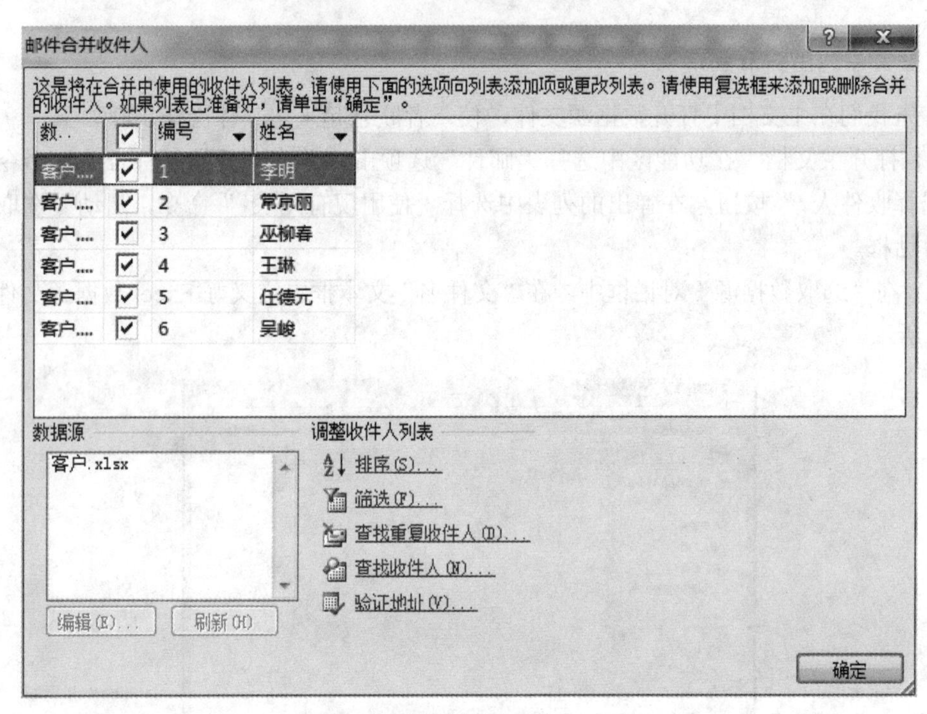

图 3-5 “邮件合并收件人”对话框

2. 插入合并域

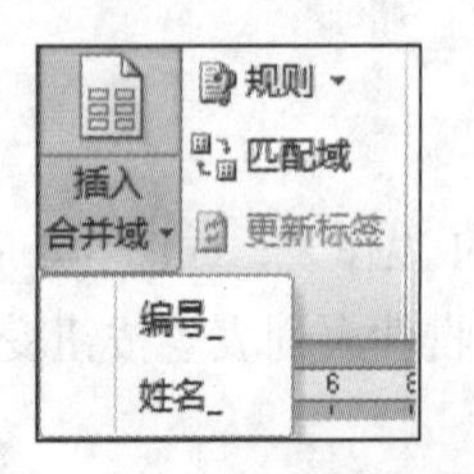

图 3-6 “插入合并域”列表

数据源添加成功后，接着要在主文档中添加邮件合并域。所谓的合并域，就是指数据源中会变化的一些信息，插入合并域就是把数据源中的信息添加到主文档中，如在图3-5中，我们将数据源中的“编号”和“姓名”信息添加到主文档中。具体操作步骤如下。

(1) 将光标定位到需要添加合并域的位置。

(2) 在功能区中选择“邮件”选项卡，打开“编写和插入域”命令组中的“插入合并域”列表，如图3-6所示，在列表中选择“编号”域。

(3) 重复以上操作，分别将所有的合并域插入到相应的位置。

这样，在主文档和数据源文件之间就建立起了数据的链接。

3.合并数据源与主文档

最后一步为合并操作，为每个数据记录创建一个独立邀请函。操作步骤如下。

(1) 在功能区选择“邮件”选项卡，在“完成”命令组中打开“完成并合并”下拉列表，在其中选择“编辑单个文档”命令，如图 3-7 所示。

(2) 弹出“合并到新文档”对话框，在其中选择合并记录的范围，如选中“全部”单选项，表示对所有记录进行合并操作。

(3) 单击“确定”按钮后即可生成一个新的文档，在其中显示了各个邀请函的效果，最后我们就可以将它保存并打印出来了。

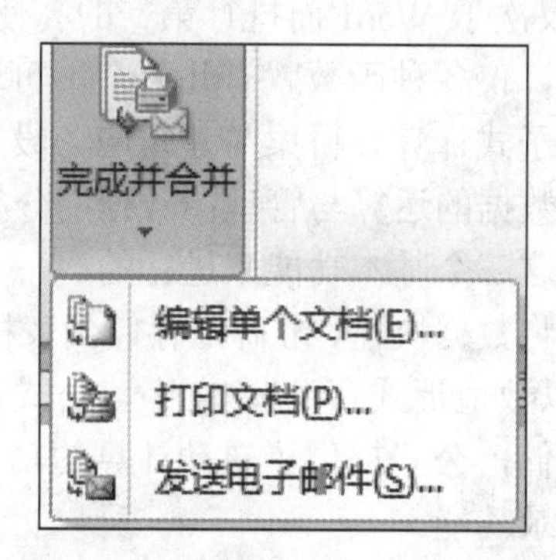

图 3-7 “完成并合并”下拉列表

第4章 Excel 2010

4.1 本章主要内容

Excel 是 Microsoft Office 办公软件套件的重要成员之一，是专业的电子表格制作和处理软件。统计表明，Excel 是仅次于 Word 而排行第二的高使用率办公软件。Excel 的数据处理功能极其完备，内容复杂，仅各种函数就有几百个，可以用于非常专业的数据处理场合，如投资组合分析、化学分子式计算、桥梁与建筑应力设计等。其基本功能可以归纳为三个方面：数据录入与编辑；数据的运算与管理；数据的分析。尽管 Excel 一直在不断升级完善，但大多时候都是围绕这三个基本功能来进行的。

数据录入与编辑主要是指将数据快速、准确地存储到表格里的过程。Excel 单元格里的数据主要有数值(日期与时间以数值形式存储)、文字、公式和超级链接四大类，数值和文字提供了基本数据的录入与存储，公式提供了自动计算的功能，超级链接提供了对图片、声音、视频等多媒体数据的记录功能。

数据的运算主要通过公式实现。电子表格的一大优势在于当表格里的原始数据发生变化时，根据公式计算结果和对应的分析图表也能够随之自动改变。电子表格计算的精度非常高。数据管理是指利用一些工具对数据实现有效的分类管理，使用户能够快速地在庞大的数据记录中找到所需要的信息。这些工具包括排序、查找、筛选等。

很多时候除了运算外，管理者还希望分析数据变化的规律与发展趋势、求解方程等。Excel 也提供了很多这方面的功能，如图表工具、数据透视表、优化、单变量求解等。

Excel 是专业的电子表格制作和处理软件。用户使用它，不仅可以制作出整齐、美观的表格，而且还能够对表格中的数据进行各种复杂计算，并能将计算结果通过图形或图表的形式表现出来。此外，Excel 还具有其他的表格处理功能，例如能够对表格进行数据分析和网上发布等功能。

与文字处理软件 Word 中的表格处理相比较，Excel 的功能出发点和侧重点完全不同。Excel 电子表格主要关注数据，表格只是其数据组织的形式。Word 中的表格处理主要偏向于对于表格外在形式的表现，提供强大的表格绘制、修饰美化与打印输出等功能，而对数据处理的功能很弱，只能提供非常基本的计算和排序功能。而 Excel 则偏重于对表格内数据的处理，提供了完备、强大而精确的数据运算、分析、汇总、查询、分类管理等功能。因此，Word 和 Excel 在办公过程中可以分工协作，由 Excel 负责数据的运算和处理，然后将处理的结果利用 Word 的排版修饰功能以精致美观的形式打印输出。

4.2 习题解答

1. 选择题

(1) 在 Excel 2010 中执行存盘操作时，作为文件存储的是(　　)。

A. 工作表　　B. 工作簿　　C. 图表　　D. 报表

B

(2) 在Excel中，在单元格中输入“04/8”，回车后显示的数据是(　　)。

A. 4 8　　B. 0.5　　C. 04 8　　D. 4 月 8 日

D

(3) 在 Excel 2010 中，下列为绝对地址引用的是(　　)。

A. $A5　　B. $E$6　　C. F6　　D. E$6

B

(4) 在 Excel 2010 中，计算工作表 A1：A10 数值的总和，使用的函数是(　　)。

A. SUM(A1：A10)　　B. AVERAGE(A1：A10)

C. MIN(A1：A10)　　D. COUNT(A1：A10)

A

2. 名词解释

(1) 工作簿：

工作簿是由一个或多个工作表组成的，它是 Excel 处理、编辑、分析、统计、计算和存储数据的工作文件。

(2) 工作表：

工作表就是一个由行和列组成的二维表，工作表中包含存放和处理的数据，工作表也是 Excel 2010 工作界面中最大的区域，是 Excel 2010 的主体。

(3) 单元格：

单元格是组成工作表的基本单位，在工作表中由行与列交叉形成。用户可在单元格中存入文字、数字、日期、时间、逻辑值等不同类型的数据，也可在其中存入各种相关的计算公式。

(4) 单元格地址：

单元格在工作表中的位置，用列号和行号组合标识，列号在前，行号在后。对于每个单元格都有其固定的地址，比如 B5，就代表了第 B 列第 5 行的单元格。

在对工作表进行处理的过程中，单元格引用是通过单元格地址进行的，因而单元格地址是 Excel 系统运行时的基本要素。

(5) 单元格区域：

单元格区域是指一组被选中的单元格。它们既可以是相邻的，也可以是彼此隔开的。对一个单元格区域进行操作就是对该区域中的所有单元格进行相同的操作。

(6) 填充柄：

在活动单元格粗线框的右下角有一个黑色的方块，此方块便是填充柄。使用填充柄可以按照某一种规律或方式来填充其他的单元格区域，从而减少重复和繁杂的输入工作。

(7) 图表：

图表是工作表数据的图形描述。Excel 为用户提供了多种图表类型，例如柱形图、饼图和折线图等，利用它们可以非常醒目地描述工作表中数据之间的关系和趋势。当工作表中的数据发生变化时，基于工作表的图表也会自动改变。

(8) 数据清单：

数据清单也称数据列表，是一系列包含类似数据的若干行，是一个二维关系表。可以说，数据清单与数据库是同义词，其中的一行类似一条记录，而一列则类似一个字段，第一行为字段行。数据库管理就是对数据清单进行管理，主要用于管理工作表中的数据，例如对数据进行排序、筛选和汇总等。

(9) 图表区：

图表区包括整个图表中的标题、数值轴、分类轴、绘图区、图例等内容。

(10) 公式：

公式是对工作表中的数值进行计算的赋值表达式。

3. 填空题

(1) Excel 2010 标题栏左上角是________。

→快速访问工具栏

(2) Excel 2010 工作窗口就是一个________。

→工作表

(3) 打开 Excel 2010 工作窗口就有一个工作表，默认名为 ________。

→Sheet1

(4) 工作簿的默认文件名为 ________。

→工作簿 1

(5) 选定多个不相邻的工作表的操作是：单击其中一个工作表的标签，再按住____键，同时分别单击要选定的工作表的标签。

→Ctrl

(6) 如果用户不想让他人看到自己的某些工作表中的内容，可使用________功能。

→隐藏工作表

(7) Excel 2010 新建工作簿时，会默认并自动创建______个工作表。

→3

(8) 冻结工作表的冻结功能主要用于冻结 ________ 和列标题。

→行标题

(9) 在进行查找操作之前，需要首先 ________。

→选定一个搜索区域

(10) Excel 中编辑工作表实际上就是编辑________ 中的内容。

→单元格

4. 简答题

(1) 试述 Excel 2010 常用的退出方法。

Excel 2010 常用的退出方法与退出 Word 2010 类似，有如下几种。

① 在 Excel 2010 窗口中，单击“文件”选项卡，在产生的下拉选项中单击“退出”命令则可退出 Excel 2010。

② 用鼠标左键直接单击标题栏上最右端的“关闭”按钮，便可退出 Excel 2010。

③ 用鼠标单击标题栏最左侧的系统控制菜单图标，即，在弹出的系统控制菜单中单击“关闭”命令，或者直接双击该图标，则可退出 Excel 2010。

④ 按下组合键 Alt+F4，同样可以退出 Excel 2010。

(2) 图表创建以后，可能需要调整图表的大小，以便更好地显示图表及工作表中的数据。简述调整图表大小可以使用的方法。

① 使用手动调整：单击工作表图表，在图表的边框上会有 8 个尺寸控点，将鼠标移至图表边框控点处，当鼠标指针变为双向箭头形状时，拖动鼠标就可调整图表的大小。

② 使用“设置图表区格式”对话框调整：单击工作表图表，然后单击功能区“图表工具”选项卡下“格式”选项页下的“大小”命令旁的箭头，就打开了“设置图表区格式” 对话框，在此对话框中完成图表大小的设置。

(3) 如何取消选定的工作表?

当用户要取消对多个相邻或不相邻工作表的选定时，只需单击工作表标签栏中的任意一个没有被选定的工作表标签即可。

如果要取消选定所有的工作表，则可用鼠标右键单击工作表标签栏，在弹出的快捷菜单中单击“取消组合工作表”命令项即可。

(4) 如何删除一个工作表?

首先单击要删除的工作表的标签，将其设置为当前活动工作表，再在“开始”选项卡下“单元格”命令组中“删除”命令的下拉菜单中选择“删除工作表”命令，便可删除当前工作簿中的当前工作表；还可以在工作表的标签区单击鼠标右键，在弹出的快捷菜单中单击“删除”命令，便可删除当前工作簿中的当前工作表。

(5) 如何设置日期格式?

如果要设置日期格式，只需在单元格的右键快捷菜单中单击“设计单元格格式”命令，弹出“设置单元格格式”对话框，在该对话框的“数字”选项卡下的“分类”列表框中选择“日期”选项，然后在其右侧的“类型”列表框中选择所需的日期格式，最后单击“确定”按钮即可。

(6) 简述引用单元格的引用方式，举例说明。

引用单元格时可分为相对引用、绝对引用和混合引用三种方式。

相对引用：例如，在单元格 A5 中的公式为“=(A1+A2+A3) / A4”，当把该单元格中的公式通过复制和粘贴命令复制到单元格 B5 中时，该公式将自动更改为“=(B1+B2+B3) / B4”。

绝对引用：公式中引用的单元格地址不随公式所在单元格的位置变化而变化。在这种引用方式下，要在单元格地址的列号和行号前面加上一个字符“$”。例如，在单元格 A5 中输入公式“=($A$1+$A$2+$A$3) / $A$4”，当把该公式复制到单元格 B5 中时，它仍然为“=($A$1+$A$2+$A$3) / $A$4”。

混合引用：在公式中同时包含相对引用和绝对引用。例如，“B$2”表示行地址不变，列地址则可以发生改变；相反，在“$B2”中列地址不变，而行地址可以发生改变。

(7) 在进行“分类汇总”时，可以选择具体的汇总方式有哪些?

进行“分类汇总”时，可以选择具体的汇总方式，汇总方式包括求和、计数、平均值、最大值、最小值、乘积、数值计数、标准偏差、总体标准偏差、方差和总体方差等。

5. 操作题

(1) 新建工作簿。

操作步骤：

单击“文件”选项卡下的“新建”命令，则会打开新建工作簿任务窗格，在该任务窗格中单击“空白工作簿”项；或者按下组合键 Ctrl+N，则会打开一个新的 Excel 窗口，并建立一个新的工作簿。

实际上，进入 Excel 时，就自动创建了一个工作簿，并且是当前工作簿。

(2) 重命名工作表标签。

方法一：双击工作表标签，工作表标签文字背景变成黑色，这时可以通过键盘输入工作表新名称，按回车键或单击其他地方实现重命名。

方法二：右击要重命名的工作表标签，弹出快捷菜单，单击快捷菜单中的“重命名”命令，工作表标签文字背景变成黑色，这时可以通过键盘输入工作表新名称，按回车键或单击其他地方实现重命名。

方法三：单击功能区中“开始”选项卡下的“单元格”命令组中的“格式”右侧的小箭头 格式，在弹出的快捷菜单中，选择“重命名工作表”命令即可。

(3) 设定工作表标签颜色。

方法一：右击要设定标签颜色的工作表标签，弹出相应的快捷菜单，鼠标指向快捷菜单中的“工作表标签颜色”命令，弹出工作表标签颜色设置的界面，这时可以选择一种颜色完成设置。

方法二：单击功能区中“开始”选项卡下的“单元格”命令组中的“格式”右侧的小箭头 格式，在弹出的快捷菜单中，选择“工作表标签颜色”命令。

(4) 保护工作表。

保护工作表的操作方法如下。

方法一：右击要保护的工作表标签，弹出快捷菜单，单击快捷菜单中的“保护工作表”命令，弹出“保护工作表”对话框。在该对话框中的“取消工作表保护时使用的密码”框中输入密码，单击“确定”按钮，此时会打开“确认密码”对话框，在“重新输入密码”下方的文本框中再次输入密码，单击“确定”按钮，完成密码的设置。

方法二：单击功能区中“审阅”选项卡下“更改”命令组中的“保护工作表”命令按钮 保护工作表，弹出“保护工作表”对话框。在该对话框中的“取消工作表保护时使用的密码”框中输入密码，单击“确定”按钮，此时会打开“确认密码”对话框，在“重新输入密码”下方的文本框中再次输入密码，单击“确定”按钮，完成密码的设置。

(5) 设置自动筛选。

实现自动筛选的操作如下。

① 打开要自动筛选的工作簿中的某个工作表。

② 在“数据”选项卡的“排序和筛选”命令组中，单击“筛选”命令按钮，这时表中的每个标题的右侧都会出现一个筛选按钮。

③ 单击每个标题右侧的筛选按钮，打开筛选器界面，单击“筛选关键小标题”右侧的筛选按钮。

④ 在筛选器选择列表中勾选筛选值复选框。

⑤ 单击“确定”按钮，完成自动筛选操作，并有筛选结果出现。

在第④步骤中，可以在筛选器选择列表中同时勾选多个值，筛选出满足多个值的结果。

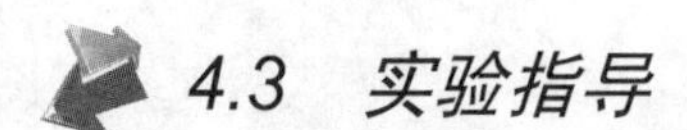

4.3 实验指导

实验 1 建立.xlsx 文件

一、实验目的

(1) 熟悉 Excel 2010 的工作环境，掌握工作簿文件的建立。

(2) 实习工作表的建立和实际应用。

(3) 掌握工作表的创建方法。

二、实验内容

(1) 在 Excel 2010 下创建如图 4-1 所示的工作表。

商品号	商品名	价格	地区销量金额							
			北京	上海	武汉	广州	天津	重庆	沈阳	总额
1	A	56.50	2542.50	3785.50	3164.00	5198.00	2542.50	5085.00	1921.00	24238.50
2	B	33.00	2838.00	2970.00	3036.00	3069.00	3135.00	3036.00	2145.00	20229.00
3	C	56.00	4872.00	5152.00	5208.00	5264.00	5320.00	5152.00	4256.00	35224.00
4	D	45.60	2097.60	2006.40	4240.80	4286.40	1459.20	4332.00	2188.80	20611.20
5	E	10.00	960.00	960.00	940.00	950.00	770.00	900.00	900.00	6380.00
6	F	30.00	2790.00	2790.00	1950.00	2820.00	1620.00	2790.00	1680.00	16440.00
7	G	76.00	7144.00	4028.00	3420.00	7220.00	7220.00	7068.00	6688.00	42788.00
8	H	90.00	8100.00	7920.00	6930.00	8100.00	6930.00	8550.00	7830.00	54360.00
9	I	86.00	7740.00	8170.00	7740.00	7740.00	6880.00	6880.00	4816.00	49966.00
10	J	19.60	1842.40	1822.80	1862.00	1881.60	1862.00	1881.60	1724.80	12877.20
总额			40926.50	39604.70	38490.80	46529.00	37738.70	45674.60	34149.60	283113.90

图 4-1　创建工作表

(2) 在 Excel 2010 下创建学生成绩的工作表，如图 4-2 所示，其中，各栏目的数据自行拟定，合计和平均成绩两栏的数据不录入，要自动计算完成。这两栏的数据可以暂时不录入。

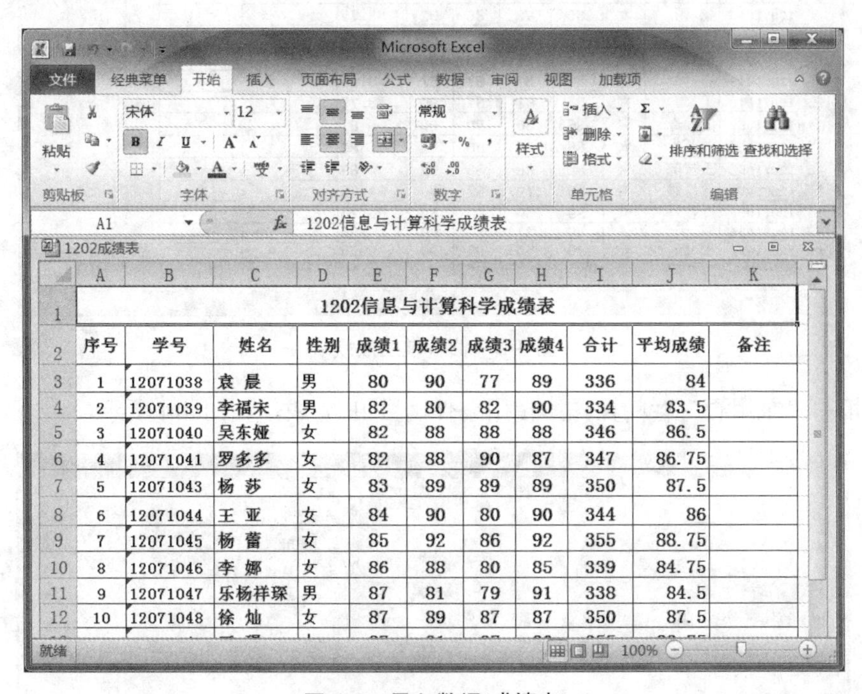

1202信息与计算科学成绩表										
序号	学号	姓名	性别	成绩1	成绩2	成绩3	成绩4	合计	平均成绩	备注
1	12071038	袁 晨	男	80	90	77	89	336	84	
2	12071039	李福宋	男	82	80	82	90	334	83.5	
3	12071040	吴东娅	女	82	88	88	88	346	86.5	
4	12071041	罗多多	女	82	88	90	87	347	86.75	
5	12071043	杨 莎	女	83	89	89	89	350	87.5	
6	12071044	王 亚	女	84	90	80	90	344	86	
7	12071045	杨 蕾	女	85	92	86	92	355	88.75	
8	12071046	李 娜	女	86	88	80	85	339	84.75	
9	12071047	乐杨祥琛	男	87	81	79	91	338	84.5	
10	12071048	徐 灿	女	87	89	87	87	350	87.5	

图 4-2　录入数据(成绩表)

实验 2　IF 函数应用

一、实验目的

(1) 熟悉 Excel 2010 的工作环境，掌握公式和函数的应用。
(2) 实习 IF 函数的实际使用。
(3) 掌握 IF 函数的语法格式和功能。

二、实验内容

(1) 图 4-3 是一张 “信科学生成绩单”，其中“平均成绩”右侧有“录用否”栏，该栏的值与“平均成绩”的值有关：平均成绩大于等于 85 时，“录用否”栏中的值为“录用”，平均成绩小于 85 时，“录用否”栏中的值为“不录用”。(文本参数“录用”和“不录用”两边的双引号是英文半角标点符号。)

信科学生成绩单

学号	姓名	性别	成绩1	成绩2	成绩3	成绩4	平均成绩	录用否	总分
12071038	袁 晨	男	80	90	77	89	84		
12071039	李福宋	男	82	80	82	90	83.5		
12071040	吴东娅	女	82	88	88	88	86.5		
12071041	罗多多	女	82	88	90	87	86.75		
12071043	杨 莎	女	83	89	89	89	87.5		
12071044	王 亚	女	84	90	80	90	86		
12071045	杨 蕾	女	85	92	86	92	88.75		
12071046	李 娜	女	86	88	80	85	84.75		
12071047	乐杨祥琛	男	87	81	79	91	84.5		
12071048	徐 灿	女	87	89	87	87	87.5		
12071049	王 璟	女	87	91	87	90	88.75		
12071051	向瑶奇	男	88	80	90	90	87		
12071052	刘西华	女	88	83	90	91	88		
12071053	王若韵	女	88	88	88	92	89		
12071054	昝绪超	男	89	79	83	88	84.75		
12071055	叶俊玲	女	89	80	89	89	86.75		
12071056	浦 天	男	89	81	80	90	85		
12071057	王 珊	女	89	90	90	93	90.5		

图 4-3　信科学生成绩表

(2) 填写“录用否”栏的操作：使用条件函数 IF 完成，如图 4-4 所示。

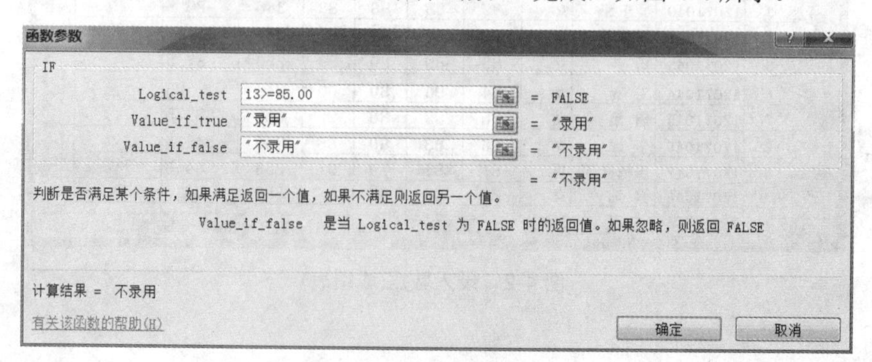

图 4-4　IF 函数参数设置

IF 函数的语法是：IF(I3>=85,"录用","不录用")。解释为，如果 I3>=85 成立(即逻辑值为 TRUE)，则取函数计算结果为“录用”；否则逻辑值为 FALSE，则取函数计算结果为“不录用”。

(3) 公式设置正确后，单击“确定”按钮，公式单元格中就显示计算结果。若还要计算其他学生的平均成绩“录用否”栏的值，直接向下拖动“录用否”J3 单元格的填充柄到其他学生“录用否”单元格，完成公式的复制，如图 4-5 所示。

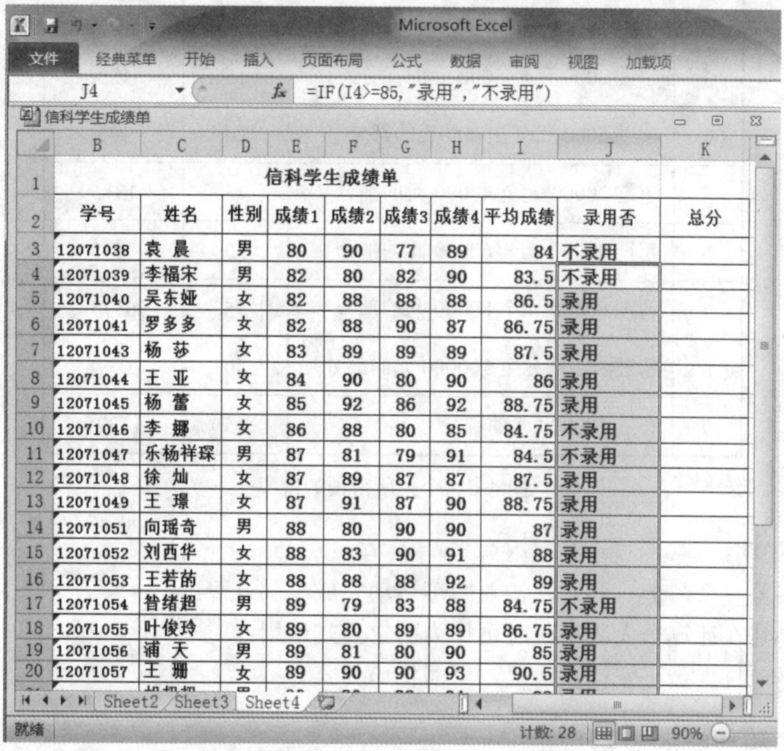

Microsoft Excel

文件 经典菜单 开始 插入 页面布局 公式 数据 审阅 视图 加载项

J4 =IF(I4>=85,"录用","不录用")

信科学生成绩单

	B	C	D	E	F	G	H	I	J	K
1	信科学生成绩单									
2	学号	姓名	性别	成绩1	成绩2	成绩3	成绩4	平均成绩	录用否	总分
3	12071038	袁 晨	男	80	90	77	89	84	不录用	
4	12071039	李福宋	男	82	80	82	90	83.5	不录用	
5	12071040	吴东娅	女	82	88	88	88	86.5	录用	
6	12071041	罗多多	女	82	88	90	87	86.75	录用	
7	12071043	杨 莎	女	83	89	89	89	87.5	录用	
8	12071044	王 亚	女	84	90	80	90	86	录用	
9	12071045	杨 蕾	女	85	92	86	92	88.75	录用	
10	12071046	李 娜	女	86	88	80	85	84.75	不录用	
11	12071047	乐杨祥琛	男	87	81	79	91	84.5	不录用	
12	12071048	徐 灿	女	87	89	87	87	87.5	录用	
13	12071049	王 璟	女	87	91	87	90	88.75	录用	
14	12071051	向瑶奇	男	88	80	90	90	87	录用	
15	12071052	刘西华	女	88	83	90	91	88	录用	
16	12071053	王若�	女	88	88	88	92	89	录用	
17	12071054	昝绪超	男	89	79	83	88	84.75	不录用	
18	12071055	叶俊玲	女	89	80	89	89	86.75	录用	
19	12071056	浦 天	男	89	81	80	90	85	录用	
20	12071057	王 珊	女	89	90	90	93	90.5	录用	

Sheet2 Sheet3 Sheet4

就绪 计数: 28 90%

图 4-5 成绩单中“录用否”计算结果

实验 3 IF 函数应用——计算个人所得税

一、实验目的

(1) 熟悉使用 Excel 2010 的公式和函数的应用。

(2) IF 函数实际使用的进一步实验。

(3) IF 函数的功能。

二、实验内容

工资、薪金所得，适用超额累进税率，税率为百分之五至百分之四十五，如图 4-6 所示。

充分利用 Excel 中 IF 函数嵌套功能，可计算上述个人所得税，使上面问题得到解决。假设 L 列为“应纳税所得额”，M 列为“应纳个人所得税”，在 M 列输入公式(假设首位人员应纳税所得额的位置为 L2)：IF(L2<500，L2×0.05，IF(L2<2000，L2×0.1-25，IF (L2<5000，L2×0.15-125，IF(L2<20000，2×0.2-375，IF(L2<40000，L2×0.25-1375，IF (L2 <60000，

L2×0.3-3375， IF(L2 <80000， L2×0.35-6375， IF(L2<100000， L2×0.4-10375， L2×0.45-15375))))))))。确认后，得出首位人员应纳个人所得税，拖动填充句柄，则所有人员应纳税额全部出来。

级数	全月应纳税所得额	税率(%)	速算扣除数
1	不超过 500 元的	5	0
2	超过 500 元至 2000 元的部分	10	25
3	超过 2000 元至 5000 元的部分	15	125
4	超过 5000 元至 20000 元的部分	20	375
5	超过 20000 元至 40000 元的部分	25	1375
6	超过 40000 元至 60000 元的部分	30	3375
7	超过 60000 元至 80000 元的部分	35	6375
8	超过 80000 元至 100000 元的部分	40	10375
9	超过 100000 元的部分	45	15375

图 4-6 个人所得税的税率

该公式说明：

① 公式虽复杂，但只要一次输入即可自动完成全部计算；

② 此公式在计算个人所得税时可作为固定公式运用；

③ 根据单位人员工资档次情况，可简化该公式。

实验 4 求和功能的应用

一、实验目的

(1) 熟悉 Excel 2010 的工作环境，掌握公式和函数的应用。

(2) 掌握求和函数的应用。

(3) 应用功能区中的“自动求和”命令实现求和。

二、实验内容

(1) 如图 4-7 所示，对信科学生成绩单中“录用否”右侧增加一栏“总分”，该栏的值是学生各科成绩的总和。

(2) 操作方法。

方法一：与计算平均值的操作方法相同，只是选择函数是计算合计的函数 SUM 函数。

方法二：运用功能区“开始”选项卡下“编辑”命令组中的“自动求和”命令实现“总分”栏的计算操作。

① 选定求和的单元格区域。本例选定 E3:H3 单元格区域。

② 单击工具栏上的“自动求和”按钮**Σ**，求和结果出现在选定区域的右方单元格 K3

中，如图 4-8 所示。

信科学生成绩单										
学号	姓名	性别	成绩1	成绩2	成绩3	成绩4	平均成绩	录用否	总分
12071038	袁 晨	男	80	90	77	89	84	不录用	
12071039	李福宋	男	82	80	82	90	83.5	不录用	
12071040	吴东娅	女	82	88	88	88	86.5	录用	
12071041	罗多多	女	82	88	90	87	86.75	录用	
12071043	杨 莎	女	83	89	89	89	87.5	录用	
12071044	王 亚	女	84	90	80	90	86	录用	
12071045	杨 蕾	女	85	92	86	92	88.75	录用	
12071046	李 娜	女	86	88	80	85	84.75	不录用	
12071047	乐杨祥琛	男	87	81	79	91	84.5	不录用	
12071048	徐 灿	女	87	89	87	87	87.5	录用	
12071049	王 璟	女	87	91	87	90	88.75	录用	
12071051	向瑶奇	男	88	80	90	90	87	录用	
12071052	刘西华	女	88	83	90	91	88	录用	
12071053	王若药	女	88	88	88	92	89	录用	

图 4-7 增加“总分”栏

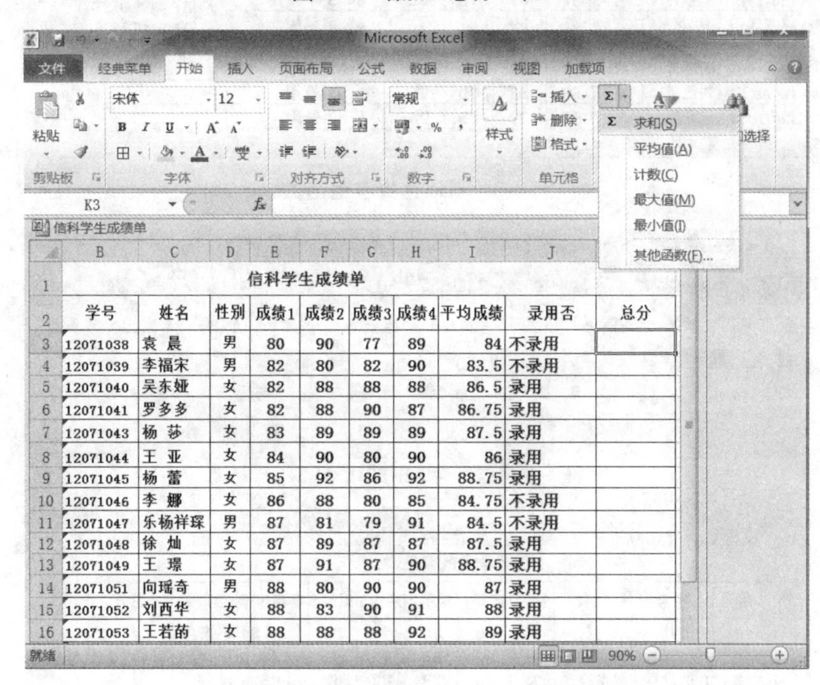

图 4-8 “自动求和”命令的使用

③ 若还要计算其他学生的“总分”栏的值，直接向下拖动“总分”K3 单元格的填充柄到其他学生“总分”单元格，完成公式的复制。

方法三：

① 选定要存放求和值的单元格。本例选定 K3 单元格。

② 单击工具栏上的“自动求和”按钮Σ，在存放求和值的单元格中出现 SUM 函数及参数，利用鼠标拖动要求和的单元格区域 E3:H3，修改参数为求和的单元格区域，按下 Enter 键。

在工具栏上“自动求和”工具按钮Σ▾右边有一个下拉按钮，单击这个下拉按钮，还可以选择其他函数，如图 4-9 所示。

③拖动填充柄完成总分的计算和填写，如图 4-10 所示。

IF =SUM(E3:h3)

信科学生成绩单

	B	C	D	E	F	G	H	I	J	K
1	信科学生成绩单									
2	学号	姓名	性别	成绩1	成绩2	成绩3	成绩4	平均成绩	录用否	总分
3	12071038	袁 晨	男	80	90	77	89	84	不录用	=SUM(E3:h3)
4	12071039	李福宋	男	82	80	82	90	83.5	不录用	
5	12071040	吴东娅	女	返回一组正数的调和平均数：所有参数倒数平均值的倒数						
6	12071041	罗多多	女	82	88	90	87	86.75	录用	
7	12071043	杨 莎	女	83	89	89	89	87.5	录用	
8	12071044	王 亚	女	84	90	80	90	86	录用	
9	12071045	杨 蕾	女	85	92	86	92	88.75	录用	
10	12071046	李 娜	女	86	88	80	85	84.75	不录用	
11	12071047	乐杨祥琛	男	87	81	79	91	84.5	不录用	
12	12071048	徐 灿	女	87	89	87	87	87.5	录用	
13	12071049	王 璟	女	87	91	87	90	88.75	录用	
14	12071051	向瑶奇	男	88	80	90	90	87	录用	
15	12071052	刘西华	女	88	83	90	91	88	录用	
16	12071053	王若茵	女	88	88	88	92	89	录用	

HARMEAN
HEX2BIN
HEX2DEC
HEX2OCT
HLOOKUP
HOUR
HYPERLINK
HYPGEOM.DIST
HYPGEOMDIST

图 4-9　可以选择其他函数

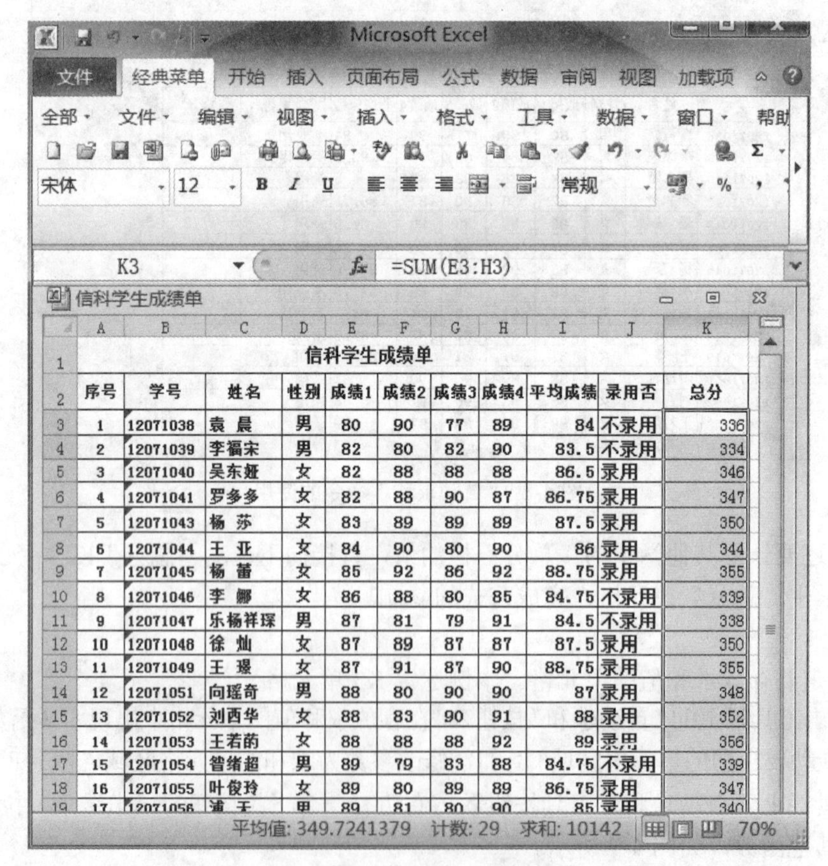

K3 =SUM(E3:H3)

	A	B	C	D	E	F	G	H	I	J	K
1	信科学生成绩单										
2	序号	学号	姓名	性别	成绩1	成绩2	成绩3	成绩4	平均成绩	录用否	总分
3	1	12071038	袁 晨	男	80	90	77	89	84	不录用	336
4	2	12071039	李福宋	男	82	80	82	90	83.5	不录用	334
5	3	12071040	吴东娅	女	82	88	88	88	86.5	录用	346
6	4	12071041	罗多多	女	82	88	90	87	86.75	录用	347
7	5	12071043	杨 莎	女	83	89	89	89	87.5	录用	350
8	6	12071044	王 亚	女	84	90	80	90	86	录用	344
9	7	12071045	杨 蕾	女	85	92	86	92	88.75	录用	355
10	8	12071046	李 娜	女	86	88	80	85	84.75	不录用	339
11	9	12071047	乐杨祥琛	男	87	81	79	91	84.5	不录用	338
12	10	12071048	徐 灿	女	87	89	87	87	87.5	录用	350
13	11	12071049	王 璟	女	87	91	87	90	88.75	录用	355
14	12	12071051	向瑶奇	男	88	80	90	90	87	录用	348
15	13	12071052	刘西华	女	88	83	90	91	88	录用	352
16	14	12071053	王若茵	女	88	88	88	92	89	录用	356
17	15	12071054	訾绪超	男	89	79	83	88	84.75	不录用	339
18	16	12071055	叶俊玲	女	89	80	89	89	86.75	录用	347
19	17	12071056	[illegible]	男	89	81	80	90	85	录用	340

平均值: 349.7241379　计数: 29　求和: 10142　70%

图 4-10　计算总分结果

实验 5　多工作表的数据运算

一、实验目的

(1) Excel 2010 的数据运算。

(2) 关于多工作表的数据运算。

(3) 不同工作表的单元格的数据在公式中的引用。

(4) 掌握多工作表里的数据的操作方法，了解 Excel 2010 的公式功能。

二、实验内容

下面以实例来说明多个工作表里的数据是如何运算的。

已知有一商品价格表,如图 4-11 所示，它是由商品号、商品名、价格三个项目构成的，存储在一个名为“价格”的工作表中，这些商品在多个城市中销售。

此商品在每个城市中的销售量存储在名为“数量”的工作表中，如图 4-12 所示。“数量”工作表由商品号、商品名、地区销售量三个部分构成，其中地区销售量又是由若干个地区的具体销售量组成的。

商品号	商品名	价格
1	A	56.50
2	B	33.00
3	C	56.00
4	D	45.60
5	E	10.00
6	F	30.00
7	G	76.00
8	H	90.00
9	I	86.00
10	J	19.60

图 4-11　“价格”工作表

商品号	商品名	地区销售量						
		北京	上海	武汉	广州	天津	重庆	沈阳
1	A	45	67	56	92	45	90	34
2	B	86	90	92	93	95	92	65
3	C	87	92	93	94	95	92	76
4	D	46	44	93	94	32	95	48
5	E	96	96	94	95	77	90	90
6	F	93	93	65	94	54	93	56
7	G	94	53	45	95	95	93	88
8	H	90	88	77	90	77	95	87
9	I	90	95	90	90	80	80	56
10	J	94	93	95	96	95	96	88

图 4-12　“数量”工作表

“价格”工作表和“数量”工作表中有部分数据是同步的，“价格”工作表中的商品号、商品名两栏中的数据是原始的数据，手动输入，而“数量”工作表中的商品号、商品名两栏中的数据不是手动输入的，是来源于“价格”工作表中对应栏目中的数据。也就是说，“数量”工作表中的商品号值是由“价格”工作表中的商品号值传递而来的。

要实现数据在多工作表中的传递，就要定义在多工作表中引用数据的公式。

“数量”工作表中商品号的引用：

“数量”工作表 A3 单元格中的公式：“=价格!A2”

“数量”工作表 A4 单元格中的公式：“=价格!A3”

“数量”工作表 A5 单元格中的公式：“=价格!A4”

……

公式“价格!A2”表示了“数量”工作表中的商品号值是由“价格”工作表中的商品号值取得的，其中“价格!”表示数据来源于的工作表名，“A2”表示具体的单元格。

“数量”工作表中商品名的引用：

“数量”工作表 B3 单元格中的公式：“=价格!B2”

“数量”工作表 B4 单元格中的公式：“=价格!B3”

“数量”工作表 B5 单元格中的公式：“=价格!B4”

……

利用多工作表中的引用，可以使多表的数据实现同步变化，只要用户对原始数据表中的数据进行修改，引用该表中的数据就会同时调整为修改后的数据，从而有效地实现了多工作表中数据的一致性问题，同时减少了用户重复输入数据的工作量和因重复输入数据出现的各种可能发生的输入错误。

下面就以“商品号”引用为例，实现引用的操作如下：

①选择“数量”工作表中“A3”单元格，在此单元格中输入“=”。

②移动鼠标指向工作表标签栏，单击“价格”工作表标签，打开“价格”工作表。

③再单击“价格”工作表中“A2”单元格，然后按 Enter 键。此时，系统又自动回到“数量”工作表，在“数量”工作表的“A3”单元格中就出现了引用的数据值，即“价格”工作表中商品号的值，实现从“价格”工作表中“A2”单元格的数据向“数量”工作表的“A3”单元格的传递。

如果选择“数量”工作表的“A3”单元格，可以看到里面的公式就是“=价格!A2”。其他的引用可以用上述方法实现，也可以通过复制公式来实现。

在商品销售中还有第三个工作表“金额”工作表，此表根据“价格”工作表和“数量”工作表中的数据计算各地区、各商品的销售金额，如图 4-13 所示。

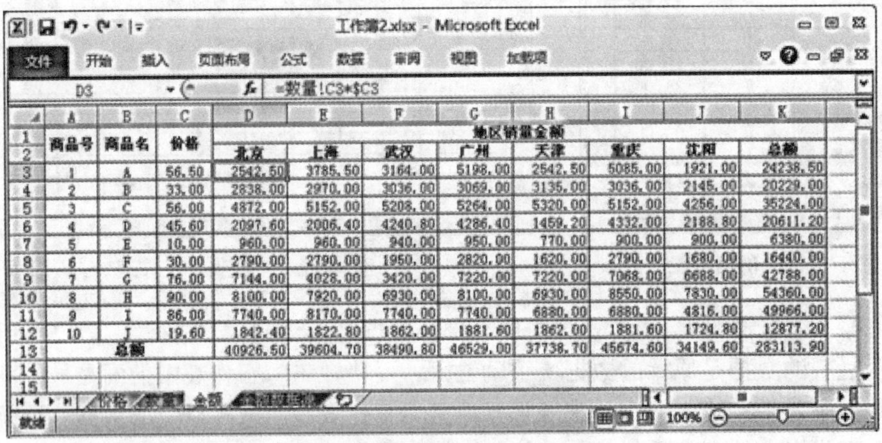

工作簿2.xlsx - Microsoft Excel

D3 =数量!C3*$C3

商品号	商品名	价格	地区销量金额							
			北京	上海	武汉	广州	天津	重庆	沈阳	总额
1	A	56.50	2542.50	3785.50	3164.00	5198.00	2542.50	5085.00	1921.00	24238.50
2	B	33.00	2838.00	2970.00	3036.00	3069.00	3135.00	3036.00	2145.00	20229.00
3	C	56.00	4872.00	5152.00	5208.00	5264.00	5320.00	5152.00	4256.00	35224.00
4	D	45.60	2097.60	2006.40	4240.80	4286.40	1459.20	4332.00	2188.80	20611.20
5	E	10.00	960.00	960.00	940.00	950.00	770.00	900.00	900.00	6380.00
6	F	30.00	2790.00	2790.00	1950.00	2820.00	1620.00	2790.00	1680.00	16440.00
7	G	76.00	7144.00	4028.00	3420.00	7220.00	7220.00	7068.00	6688.00	42788.00
8	H	90.00	8100.00	7920.00	6930.00	8100.00	6930.00	8550.00	7830.00	54360.00
9	I	86.00	7740.00	8170.00	7740.00	7740.00	6880.00	6880.00	4816.00	49966.00
10	J	19.60	1842.40	1822.80	1862.00	1881.60	1862.00	1881.60	1724.80	12877.20
总额			40926.50	39604.70	38490.80	46529.00	37738.70	45674.60	34149.60	283113.90

图 4-13 “金额”工作表

“金额”工作表中“商品号”的数据来源于“价格”工作表的“商品号”，即：

“金额”工作表 A3 单元格中的公式：“=价格!A2”

“金额”工作表 A4 单元格中的公式：“=价格!A3”

“金额”工作表 A5 单元格中的公式：“=价格!A4”

……

“金额”工作表中“商品名”的数据来源于“价格”工作表的“商品名”，即：

“金额”工作表 B3 单元格中的公式：“=价格!B2”

“金额”工作表 B4 单元格中的公式：“=价格!B3”

“金额”工作表 B5 单元格中的公式：“=价格!B4”

……

“金额”工作表中“价格”的数据来源于“价格”工作表的“价格”，即：

“金额”工作表C3单元格中的公式：“=价格!C2”

“金额”工作表C4单元格中的公式：“=价格!C3”

“金额”工作表C5单元格中的公式：“=价格!C4”

……

“金额”工作表中地区名“北京”“上海”“武汉”等来源于“数量”工作表中的地区名，即：

“金额”工作表D2单元格中的公式：“=数量!C2”，引用的值是“北京”；

“金额”工作表E2单元格中的公式：“=数量!D2”，引用的值是“上海”；

“金额”工作表F2单元格中的公式：“=数量!E2”，引用的值是“武汉”；

……

“金额”工作表中的各地区、各商品的销售金额是此表的核心，计算金额的价格值来自于“金额”表中的价格值，计算金额的数量值来自于“数量”表中的销售量，每个地区同一种商品的销售价格都来自于同一个价格值。

所以，在“金额”工作表中的同一行上各地区的销售金额计算中使用的价格值就是该行中C列中同一行中的价格值，也就是说，同一行中各地区的销售金额计算时绝对引用第C列的值。如第3行中所有地区计算金额的价格都是“$C3”，绝对引用第C列，相对引用第3行，两者组合为混合引用。

“金额”工作表中的同一行上各地区的销售金额计算中使用的数量值来自于“数量”工作表中。如D3单元格计算金额的数量引用于“数量”工作表中的C3单元格中的值，即“数量!C3”。

从计算要求讲，某种商品在每个城市的销售额＝该城市该商品销售量×该商品的价格。

“A”商品在“北京”的销售额D3单元格中的公式为：“=数量!C3*$C3”

“A”商品在“上海”的销售额E3单元格中的公式为：“=数量!D3*$C3”

“A”商品在“武汉”的销售额F3单元格中的公式为：“=数量!E3*$C3”

……

“B”商品在“北京”的销售额D4单元格中的公式为：“=数量!C4*$C4”

“B”商品在“上海”的销售额E4单元格中的公式为：“=数量!D4*$C4”

“B”商品在“武汉”的销售额F4单元格中的公式为：“=数量!E4*$C4”

……

以此类推，可以得出每行的计算公式。

下面就以“A”商品在“北京”的销售额D3单元格中的公式设计为例，实现引用的操作步骤如下。

① 选择“金额”工作表中“D3”单元格，在此单元格中输入“=”。

② 移动鼠标指向工作表标签栏，单击“数量”工作表标签，打开“数量”工作表。

③ 单击“数量”工作表中“C3”单元格，然后，按下键盘上的Enter键。此时，系统又自动回到“金额”工作表，在“金额”工作表的“D3”单元格中就出现了引用的“数量”工作表中的数量值。

④ 重新选择“金额”工作表的“D3”单元格，单击公式编辑栏，此时，公式编辑栏中出现的是：“=数量!C3”，再将光标定位在公式编辑栏已存在的公式最后，按下键盘上的

乘法运算符“*”。

⑤ 单击“C3”单元格，此时，公式编辑栏中出现的是：“=数量!C3*C3”，再将光标定位到“C3”的“C”前面，从键盘上输入“$”符，最后，按下 Enter 键。

以上步骤操作结束后，“A”商品在“北京”的销售额“D3”单元格中的公式就是：

“=数量!C3*$C3”

这个公式设计成功后，其他的公式就可以使用复制公式的方式完成。

总额的计算是利用求和函数 SUM()完成的：

A 商品的销售总额=SUM(D3:J3)，B 商品的销售总额=SUM(D4:J4)，……

北京的销售总额=SUM(D3:D12)，上海的销售总额= SUM(E3:E12)，……

在“金额”工作表中，还有几个地方需要注意。

第一行的标题名也是由前面的“价格”工作表和“数量”工作表“取”过来的。

商品号=价格!A1

商品名=价格!B1

价格=价格!C1

北京=数量!C2，上海=数量!D2，……

特别地，地区销售金额=数量!C1&"金额"

最后，“金额”工作表中，有的数据是由“价格”工作表中直接引用过来，如“价格”“商品名”“商品号”“北京”等；有的是引用并加以运算的，如“地区销售量金额”是由引用“数量”工作表中的“地区销售量”名和字符运算符“&”连接“金额”而成的；每个金额的计算都是通过运算过程完成的。而总额的计算全部是在“金额”工作表内运用函数计算而来的。

实验 6　分类汇总

一、实验目的

(1) Excel 2010 的数据运算功能。

(2) 关于分类汇总的操作过程。

(3) 分类汇总的实际应用。

(4) 掌握 Excel 2010 的分类汇总功能。

二、实验内容

图 4-14 是全校运动会各系学生运动员某竞赛项目成绩表，请按系名对该项成绩进行汇总，从而决定各系总分名次。

1. 设置分类汇总

要对“各系运动员成绩表”数据列表中各系学生的“得分”汇总，也就是统计“代表系别”相同的学生运动员“得分”的总成绩。

分类是指按“代表系别”进行分类(排序)，即，一个系的学生排列在一起，汇总是指统计同一个系的“得分”数据之和，其中，“代表系别”为分类字段，“得分”为汇总列。

Excel 提供的分类汇总功能可以使分类与统计一步完成，操作步骤如下。

(1) 打开要分类汇总的工作簿中的某个工作表，本例是“各系运动员成绩表”。

A1	fx 各系运动员成绩表					
	A	B	C	D	E	F
1	各系运动员成绩表					
2	序号	学号	运动员姓名	代表系别	得分	备注
3	1	12071038	袁 晨	法律系	80	
4	2	12071039	李福宋	艺术系	82	
5	3	12071040	吴东娅	财会系	82	
6	4	12071041	罗多多	信息系	90	
7	5	12071043	杨 莎	金融系	83	
8	6	12071044	王 亚	基础部	80	
9	7	12071045	杨 蕾	法律系	80	
10	8	12071046	李 娜	艺术系	78	
11	9	12071047	乐杨祥琛	金融系	87	
12	10	12071048	徐 灿	新闻传播系	80	
13	11	12071049	王 璟	信息系	92	
14	12	12071051	向瑶奇	外语系	78	
15	13	12071052	刘西华	财会系	88	
16	14	12071053	王若药	新闻传播系	78	
17	15	12071054	曾绪超	工商管理系	89	

图 4-14 各系运动员成绩表

先按分类字段(列)对数据表进行排序，这里对“各系运动员成绩表”按“代表系别”排序，如图 4-15 所示。这一步是前提，不可忽略，否则得不到正确的结果。

D2	fx 代表系别					
	A	B	C	D	E	F
1	各系运动员成绩表					
2	序号	学号	运动员姓名	代表系别	得分	备注
3	2	12071039	李福宋	艺术系	82	
4	8	12071046	李 娜	艺术系	78	
5	27	12071066	谢 真	艺术系	78	
6	4	12071041	罗多多	信息系	90	
7	11	12071049	王 璟	信息系	92	
8	16	12071055	叶俊玲	信息系	93	
9	10	12071048	徐 灿	新闻传播系	80	
10	14	12071053	王若药	新闻传播系	78	
11	25	12071064	邹梦茹	新闻传播系	81	
12	12	12071051	向瑶奇	外语系	78	
13	18	12071057	王 珊	外语系	80	
14	28	12071067	李淑一	外语系	80	
15	20	12071059	李汉芝	经济贸易系	80	
16	26	12071065	史湘仪	经济贸易系	83	
17	29	12071068	缪林雷	经济贸易系	86	

图 4-15 分类汇总前按分类列“代表系别”排序

(2) 在“数据”选项卡的“分级显示”命令组中，单击“分类汇总”命令，如图 4-16 所示，打开“分类汇总”对话框，如图 4-17 所示。

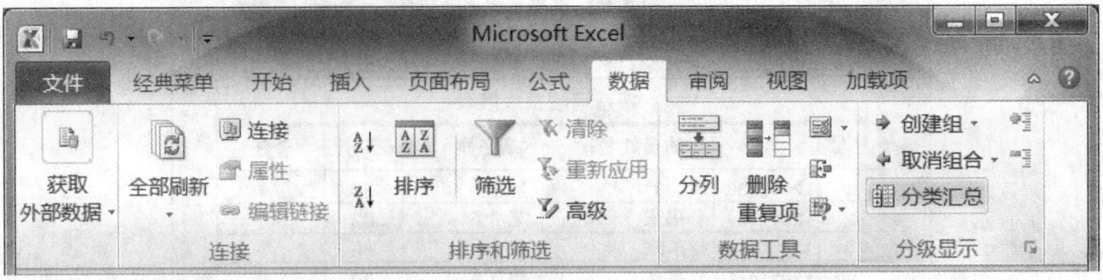

图 4-16　“数据”选项卡下的“分类汇总”命令

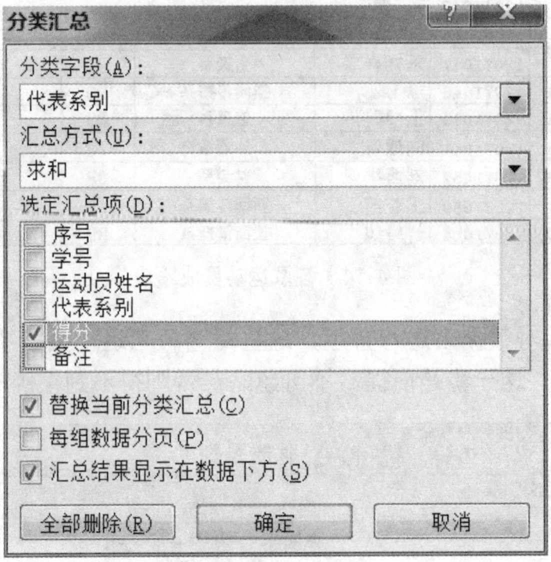

图 4-17　“分类汇总”对话框

在“分类字段”下拉列表框中选择分类字段。本例选择“代表系别”。

在“汇总方式”下拉列表框中选择汇总方式。Excel 提供了多种汇总方式，有求和、求平均、计数、最大值、最小值等。本例选择“求和”。

在“选定汇总项”下拉列表框中选择汇总字段。本例选择“得分”。

选择“替换当前分类汇总”命令，可使新的汇总替换数据清单中已有的汇总结果。

选择“每组数据分页”命令，可使每组汇总数据之间自动插入分页符。

选择“汇总结果显示在数据下方”命令，可使每组汇总结果显示在该组下方。

(3) 单击“确定”按钮，分类汇总结果如图 4-18 所示。

2. 分类汇总表的使用

分类汇总操作完成后，在工作表窗口的左侧会出现一些小控制按钮，如 1 2 3、+、- 等，如图 4-18 左边所示。单击这些按钮可改变显示的层次，便于分析数据。

(1) 数字按钮。

① 单击按钮 1，汇总结果仅显示总计结果，如图 4-19 所示。

② 单击按钮 2，汇总结果仅显示小计和总计结果，如图 4-20 所示。

	A	B	C	D	E	F
1	各系运动员成绩表					
2	序号	学号	运动员姓名	代表系别	得分	备注
3	2	12071039	李福宋	艺术系	82	
4	8	12071046	李 娜	艺术系	78	
5	27	12071066	谢 真	艺术系	78	
6				艺术系 汇总	238	
7	4	12071041	罗多多	信息系	90	
8	11	12071049	王 璟	信息系	92	
9	16	12071055	叶俊玲	信息系	93	
10				信息系 汇总	275	
11	10	12071048	徐 灿	新闻传播系	80	
12	14	12071053	王若菡	新闻传播系	78	
13	25	12071064	邹梦茹	新闻传播系	81	
14				新闻传播系 汇总	239	
15	12	12071051	向瑶奇	外语系	78	
16	18	12071057	王 珊	外语系	80	
17	28	12071067	李淑一	外语系	80	

图 4-18 分类汇总结果

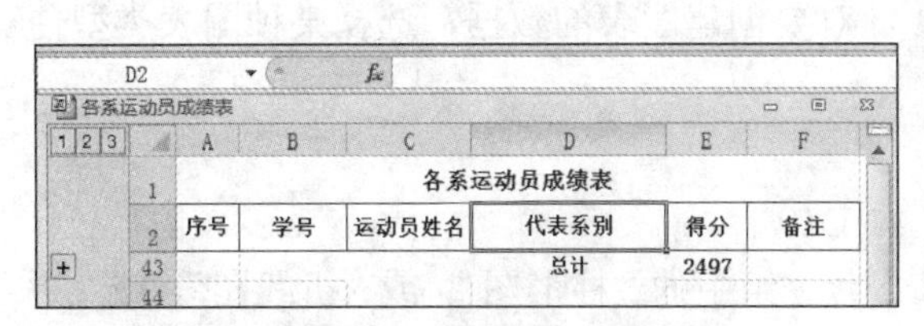

	A	B	C	D	E	F
1	各系运动员成绩表					
2	序号	学号	运动员姓名	代表系别	得分	备注
43				总计	2497	

图 4-19 选择数据按钮 1 的分类汇总结果

	A	B	C	D	E	F
1	各系运动员成绩表					
2	序号	学号	运动员姓名	代表系别	得分	备注
6				艺术系 汇总	238	
10				信息系 汇总	275	
14				新闻传播系 汇总	239	
18				外语系 汇总	238	
22				经济贸易系 汇总	249	
26				金融系 汇总	250	
30				基础部 汇总	248	
34				工商管理系 汇总	249	
38				法律系 汇总	250	
42				财会系 汇总	261	
43				总计	2497	

图 4-20 选择数据按钮 2 的分类汇总结果

③ 单击按钮 3，则汇总表全部打开，汇总结果显示数据、小计和总计结果，如图 4-18 所示。

(2) −、+按钮。

① 单击按钮−，关闭局部，按钮变为+。

② 单击按钮+，展开局部，按钮变为−。

3. 取消分类汇总

选中已分类汇总的数据列表中的任意一个单元格，单击“分类汇总”对话框中的“全部删除”按钮 全部删除(R)，如图 4-17 所示。

实验 7 创建图表

一、实验目的

(1) 熟悉 Excel 2010 下的创建图表过程。

(2) 创建基本图表的操作方法。

(3) 掌握 Excel 2010 图表的基本操作。

(4) 添加图表元素编辑图表。

二、实验内容

(1) 通过数据表格创建图表。

首先创建基本图表，然后在已创建的基本图表基础上，再为图表添加图表的其他图表元素，达到用户最终的要求和目的。

(2) 建立一张表格或报表，选定图表区域，如图 4-21 所示。

2012年销售表			
序号	地区名	上半年	下半年
1	北京	234000	567000
2	上海	345000	500000
3	武汉	454000	876000
4	广州	985000	1200000
5	天津	674700	876500
6	重庆	580300	780000
7	沈阳	888000	980000
8	西安	458980	560000

图 4-21　选定图表区域

(3) 创建基本图表。

创建基本图表的过程很简单，用户只要针对要创建图表的数据，选择某种图表类型便可以完成基本图表的创建。

操作步骤如下。

① 选中准备创建图表的数据区域，如 A1:D10。

② 单击功能区“插入”选项卡下“图表”命令组中的“柱形图”，或“折线图”，或“饼图”等按钮下方或旁边的箭头，比如要创建“柱形图”图表，则单击“柱形图”下方的箭头，打开图表类型的列表。

再单击下方的“所有图表类型”命令,或者单击“图表”命令组右下角的“创建图表”按钮，打开“插入图表”对话框，在此对话框中也可以选择要创建的图表类型。

③ 在打开的图表列表中，单击某个具体图表类型。如单击“柱形图”栏中的“簇状柱形图”选项，在工作表中就会马上创建一个嵌入式的图表，如图 4-22 所示。

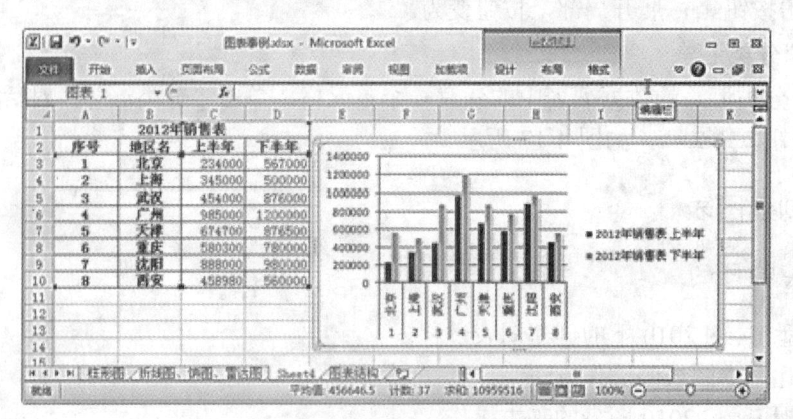

图 4-22　“簇状柱形图”基本图表

(4) 添加图表元素。

在创建的基本图表上用户可以添加多个图表元素，如添加标题、数据轴和分类轴、数据标签等。

这些图表元素的添加都是通过“图表工具”选项卡的“布局”页下的“标签”命令组中的命令选项完成的。要求最后完成的图表如图 4-23 所示。

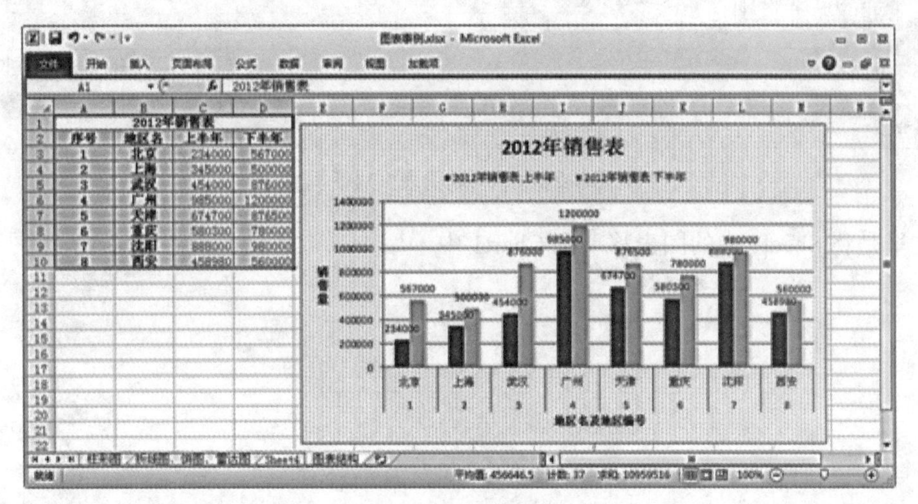

图 4-23　结果图表

实验 8　移动图表

一、实验目的

(1) 熟悉 Excel 2010 下的图表的操作。

(2) 图表的移动操作方法。

(3) 掌握 Excel 2010 图表的基本操作。

(4) 图表工作表的创建。

二、实验内容

(1) 如果图表与产生图表的数据在同一个工作表中，图表称为嵌入式图表。

由于图表与工作表在同一个工作表中，可能图表遮挡工作表中的数据，所以可以将其移至合适的位置。

(2) 移动图表的操作如下。

① 选择工作表中的图表，将鼠标移到图表的边框位置，当鼠标指针变为✥形状时，拖动图表到新的位置。

② 如果希望图表与产生图表的数据不放在同一个工作表中，而是单独地放在一个工作表中，移动图表的操作如下：

单击要移动的图表，然后单击功能区“图表工具”选项卡下“设计”页下“位置”命令组中的“移动图表”命令，打开“移动图表”对话框，如图 4-24 所示，选中“新工作表”单选按钮，再单击“确定”按钮，就可将工作表中的数据与图表分开显示，实现图表放在单独的一个工作表中。

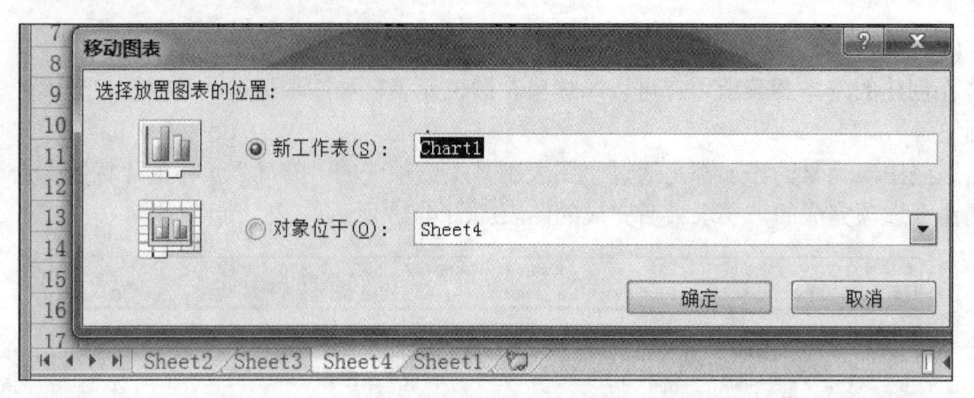

图 4-24 “移动图表”对话框

这里是将 Sheet4 中的图表移动到 Chart1 中。

第5章 PowerPoint 2010

5.1 本章主要内容

1. 主要内容

本章介绍 Microsoft Office 2010 下的 PowerPoint 2010。

PowerPoint 2010 是微软办公软件套件 Microsoft Office 2010 的重要成员之一，主要用于设计制作图文并茂、生动翔实的广告宣传、产品演示及教学培训等的演示文稿。

演示文稿可以通过计算机屏幕和投影机播放，还可以在互联网上召开面对面会议、远程会议或在 Web 上给观众展示文稿内容。

PowerPoint 2010 的主要功能包括在幻灯片中输入文字、图片、声音、影片资料，通过超级链接实现控制幻灯片展示信息的跳转以及利用动画实现信息的动态效果。

随着办公自动化的普及和深入，PowerPoint 的应用水平逐步提高，应用领域也越来越广泛，已经成为人们工作生活的重要组成部分。

本章主要内容有：PowerPoint 2010 用户界面，演示文稿的创建、编辑和保存，利用主题、版式、幻灯片母版等方法和技术处理演示文稿，设置幻灯片切换方式、动画和动作等内容丰富的演示文稿制作技术，还有幻灯片放映、演示文稿的输出和打印等方面的内容。

2. 相关概念

一提到 PowerPoint，就有三个名词出现：演示文稿、PPT 和幻灯片。在我们的日常使用中，演示文稿、PPT 和幻灯片往往混同使用，实际上，在 PowerPoint 软件中，演示文稿、PPT 和幻灯片这三个概念是有差别的。利用 PowerPoint 设计和制作出来的产品就叫演示文稿，这个演示文稿是一个文件，该文件在 PowerPoint 下的扩展名或后缀一般为.ppt(PowerPoint 2010 为.pptx)，所以俗称为 PPT 文件。而演示文稿中的每一页就叫一张幻灯片，每张幻灯片都是演示文稿中既相互独立又相互联系的内容。这就是说，幻灯片组成演示文稿，演示文稿是一个扩展名为.ppt 的文件。我们要制作演示文稿文件，就要一张张地制作幻灯片。

我们讲述 PowerPoint，实际上是在研究幻灯片的设计制作方法。

Microsoft 公司的 Office 系列产品在不断发展，版本很多，这里主要介绍当前使用广泛的 PowerPoint 2010。

5.2 习题解答

1. 选择题

(1) 在 PowerPoint 2010 中，从头开始或从当前幻灯片开始放映的快捷操作是(　　)。

A. F5　　B. Ctrl+S　　C. Shift+F5　　D. Ctrl+Esc

A

(2) 在幻灯片的放映过程中，要中断放映，可以直接按(　　)键。

A. Alt　　B. Ctrl　　C. Esc　　D. Del

C

(3) 移动页眉和页脚的位置需要利用(　　)。

A. 幻灯片的母版　　B. 普通视图　　C. 幻灯片浏览视图　　D. 大纲视图

A

(4) 在 PowerPoint 2010 中，如果想设置动画效果，可以使用功能区(　　)选项卡下的“动画”命令组。

A. “格式”　　B. “视图”　　C. “动画”　　D. “编辑”

C

(5) PowerPoint 2010 演示文稿文件的扩展名是(　　)。

A. .potx　　B. .pptx　　C. .ppsx　　D. .popx

B

(6) PowerPoint 2010 默认的视图是(　　)。

A. 幻灯片浏览视图　　B. 普通视图
C. 阅读视图　　D. 幻灯片放映视图

B

(7) SmartArt 图形包括图形列表、流程图以及更为复杂的图形，例如维恩图和(　　)。

A. 幻灯片浏览视图　　B. 幻灯片放映视图
C. 阅读视图　　D. 组织结构图

D

2. 名词解释

(1) 演示文稿：

演示文稿是把静态文件制作成动态文件浏览，把复杂的问题变得通俗易懂，使之更加生动，给人留下更为深刻印象的幻灯片。

(2) PowerPoint：

PowerPoint 的中文意思是演示文稿。

(3) 功能区：

在 PowerPoint 2010 界面中，菜单栏又称为功能区。

(4) 幻灯片窗格：

幻灯片窗格是用来编辑演示文稿中当前幻灯片的区域，在这里可以对幻灯片进行所见即所得的设计和制作。

(5) 幻灯片的编辑：

幻灯片的编辑包括在幻灯片中输入文本内容，将输入的文本以更加形象的格式或效果呈现出来，还包括在幻灯片中插入图形、图像、音频、视频等多媒体元素等。

(6) 占位符：

占位符就是先占住一个固定的位置，等着用户再往里面添加内容的符号。

(7) 移动幻灯片：

移动幻灯片即调整幻灯片的前后顺序。

(8)SmartArt 图形：

SmartArt 图形是信息和观点的视觉表示形式。可以从多种不同布局中进行选择来创建SmartArt 图形，从而快速、轻松、有效地传达和描述信息。

(9) “插入”选项卡下的“图像”命令组将可插入的图像分为图片、剪贴画、屏幕截图、相册四种类别。

图片是指插入来自文件的图片。

剪贴画是将剪贴画插入文档，包括绘图、影片、声音或库存照片，以展示特定的概念。

屏幕截图是指插入任何未最小化到任务栏的程序的图片，包括“可用视窗”和“屏幕剪辑”两个部分。

相册是根据一组图片创建或编辑一个演示文稿，每张图片占用一张幻灯片。

(10) 幻灯片母版：

幻灯片母版是 PowerPoint 2010 模板的一个部分，用于设置幻灯片的样式，包括标题和正文等文本的格式、占位符的大小和位置、项目符号和编号样式、背景设计和配色方案等。

3. 填空题

(1) PowerPoint 2010 模板的扩展名是______文件。

→.potx

(2) 退出 PowerPoint 2010 就是退出_______。

→Windows 的应用程序

(3) 选中一张幻灯片后，按住_______键，单击其他幻灯片图标，即可选中多张不一定连续的幻灯片。

→Ctrl

(4) 在普通视图或幻灯片浏览视图下，选中一张或多张幻灯片后，按住_____组合键，或者单击“开始”选项卡下的_______命令组中的“复制”按钮，或者单击鼠标右键，在弹出的菜单中选择_______命令，即可将所选中的幻灯片复制到剪贴板里。

→Ctrl+C；“剪贴板”；“复制”

(5) 用________和__________两组合键也可以实现幻灯片的移动。

→Ctrl+ X；Ctrl+ V

(6) PowerPoint 2010 中有四种不同类型的动画效果：进入、退出、强调和________。

→动作路径

(7) 用来编辑幻灯片的视图是_________。

→普通视图

(8) 如果要调整页眉和页脚的位置，需要在幻灯片________中进行操作。

→母版

(9) 幻灯片的母版可分为幻灯片母版、讲义母版和________母版等类型。

→备注

(10) 演示文稿放映的缺省方式是________，这是最常用的全屏幕放映方式。

→演讲者放映

4. 简答题

(1) 打开 PowerPoint 2010 的帮助信息有哪些方法？

打开“帮助”的方法有：

由“经典菜单”选项卡进入帮助；由“文件”选项卡进入帮助；快捷键 F1。

(2) 添加新幻灯片的方法主要有哪些?

添加新幻灯片的方法主要有如下4种。注意，这4种方法中无论新建的是哪种版式的幻灯片，都可以继续对其版式进行修改。

① 选择所要插入幻灯片的位置，按下回车键，即可创建一个“标题与内容”幻灯片。

② 选择所要插入幻灯片的位置，在该幻灯片上单击右键，从弹出的快捷菜单中选择“新建幻灯片”，创建一个“标题和内容”幻灯片。

③ 在默认视图(普通视图)模式下，单击“开始”选项卡下的“新建幻灯片”命令上半部分图标，即可在当前幻灯片的后面添加系统设定的“标题和内容”幻灯片。

④ 在“开始”选项卡下单击“新建幻灯片”命令的下半部分字体或右下角的箭头 新建幻灯片，则出现不同幻灯片的版式供挑选，单击即可选择并新建相应的幻灯片。

(3) 有哪几种创建演示文稿的方法?

PowerPoint 2010 提供了多种创建演示文稿的方法，包括“空白演示文稿”“样本模板”“主题”等新建演示文稿的方式。

(4) PowerPoint 2010 中“主题”和“模板”两个概念有什么不同?

在 PowerPoint 2010 中，“主题”和“模板”是两个不同的概念，通过比较基于“主题”和基于“模板”创建的演示文稿可以发现，“主题”包括 PPT 的颜色、字体和图形等外观设计，而“模板”不仅可以包含版式、主题颜色、主题字体、主题效果、背景样式，还可以包含内容。模板是扩展名为 .potx 文件的一个或一组幻灯片的模式或设计图，PowerPoint 自带的 Office.com 文件上提供了很多不同类型的模板可供下载使用，大大简化了对新演示文稿的设计。

(5) 启动 PowerPoint 2010 有哪些方法?

启动 PowerPoint 2010 的方法有多种。其中常用的方法有以下几种。

① 在 Windows 7 的任务栏上选择“开始”→“所有程序”→ Microsoft Office → Microsoft PowerPoint 2010，然后单击。

② 在计算机任务栏上选择“开始”→“所有程序”→ Microsoft Office→Microsoft PowerPoint 2010，右键单击，在弹出的菜单中选择“发送到”→“桌面快捷方式”命令，建立起 PowerPoint 2010 的桌面快捷方式，然后，双击 PowerPoint 2010 的桌面快捷方式图标，即可快速启动 PowerPoint 2010。

③ 在计算机任务栏上选择“开始”→“所有程序”→Microsoft Office →Microsoft PowerPoint 2010，右键单击，在弹出的菜单中选择“锁定到任务栏”命令(有的 Windows 7 版本可能没有“锁定到任务栏”命令)。此后，在任务栏上单击 PowerPoint 2010 程序图标即可快速启动该程序。

④ 双击已经存在的演示文稿，即可打开并启动 PowerPoint 2010 程序。

(6) 有哪些方法退出 PowerPoint 2010?

退出 PowerPoint 2010 就是退出 Windows 的应用程序，与 Word、Excel 一样，有多种退出方法，其中常用的方法有以下几种。

① 通过标题栏“关闭”按钮退出。

单击 PowerPoint 2010 窗口标题栏右上角的“关闭”按钮，退出 PowerPoint 2010 应用程序。

② 通过“文件”选项卡关闭。

单击“文件”选项卡文件，再单击“退出”按钮，退出 PowerPoint 2010 应用程序。

③ 通过标题栏右键快捷菜单，或者右上角控制图标的控制菜单关闭。

右击 PowerPoint 2010 标题栏，再单击快捷菜单中的“关闭”命令，或者单击右上角的控制图标，在控制菜单中单击“关闭”命令，退出 PowerPoint 2010 应用程序。

④ 使用快捷键关闭。

按键盘上的 Alt+F4 键，关闭 PowerPoint 2010。

(7) 简述 PowerPoint 2010 界面中的功能区。

在 PowerPoint 2010 主界面中，菜单栏又称为功能区。功能区包含以前在 PowerPoint 2003 及更早版本中的菜单栏(经典菜单)和工具栏上的命令和其他菜单项。功能区可以帮助用户快速找到完成某任务所需的命令。

功能区的上面一行最左边是“文件”选项卡，接着是“开始”“插入”等选项卡。

(8) 简述 PowerPoint 2010 删除一张或多张幻灯片的操作步骤。

在 PowerPoint 中可以方便地删除一张或多张幻灯片，其操作步骤如下。

① 选中所需删除的一张或多张幻灯片。

② 按 Delete 键，或者单击“开始”选项卡中“剪贴板”命令组下的“剪切”命令，或者单击鼠标右键，在弹出的菜单中选择“删除”命令，即可删除不需要的幻灯片。

(9) 简述 PowerPoint 2010 设置艺术字的操作步骤。

设置艺术字的操作步骤如下。

① 选中需要设置艺术字的文字。

② 在“绘图工具格式”选项卡下的“艺术字样式”命令组中，单击“文本效果”命令，弹出自定义艺术字样式菜单。

③ 单击“转换”菜单，在弹出列表中单击即可选择某种艺术字样式如“上穹弧”。

④ 如果对已经设置的艺术字样式不满意，可以清除艺术字样式或重新设置艺术字样式。“清除艺术字”命令在“艺术字样式”的最后一行。

(10) 简述 PowerPoint 2010 设置段落格式的操作步骤。

PPT 中段落格式的设置通过“段落”命令组来完成。“段落”命令组在“开始”选项卡下，第一行从左到右依次是项目符号、编号、左右缩进(降低/提高列表级别，减少/增大项目级别)。“段落”命令组中的大部分格式设置与 Word 2010 类似。

单击“段落”命令组右下角的，弹出“段落”对话框，在该对话框中可以对段落的“缩进和间距”及“中文版式”进行详细的设置。

5. 操作与设计题

(1) 从“文件”选项卡进入帮助的操作步骤。

从“文件”选项卡进入帮助的操作步骤如下。

单击“文件”选项卡，然后单击“帮助”，如图 5-1 所示。再单击“Microsoft Office 帮助”，弹出如图 5-2 所示的“PowerPoint 帮助”对话框。在该对话框中，可以单击帮助主题，寻找所需要的帮助信息。也可以在搜索框中输入查找关键词如“模板”，单击搜索按钮 搜索，得到关于“模板”所有的信息，如图 5-2 所示，然后单击相关的超链接即可。如果习惯用目录来查找帮助的话，可以单击“目录”按钮来打开目录，目录出现在对话框的左侧。

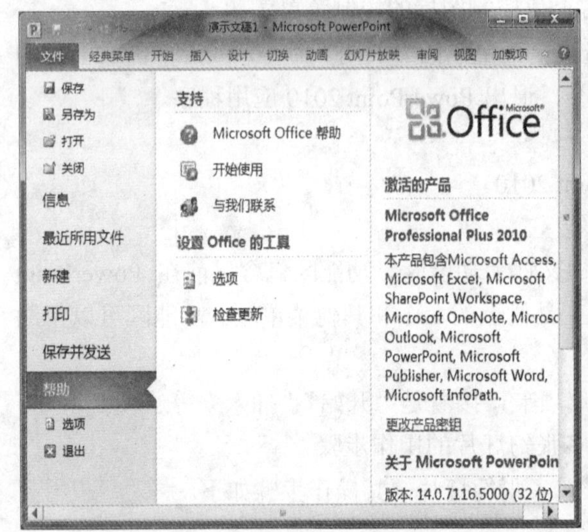

图 5-1　“文件”选项卡下的“帮助”

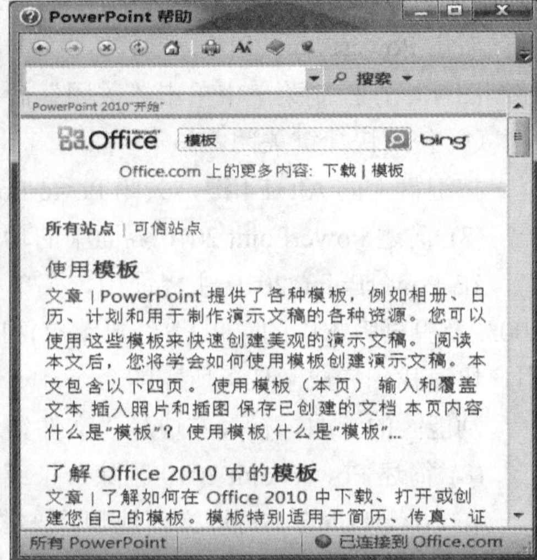

图 5-2　搜索得到“模板”所有的信息

(2) 在 PowerPoint 2010 下基于“文件”选项卡创建空白演示文稿。

基于“文件”选项卡创建空白演示文稿的操作步骤如下。

① 单击“文件”选项卡，选择“新建”命令，出现如图 5-3 所示页面。

② 在“可用的模板和主题”窗格中，选择“空白演示文稿”，并在右侧窗格中单击“创建”按钮即可创建一个新的空白演示文稿。

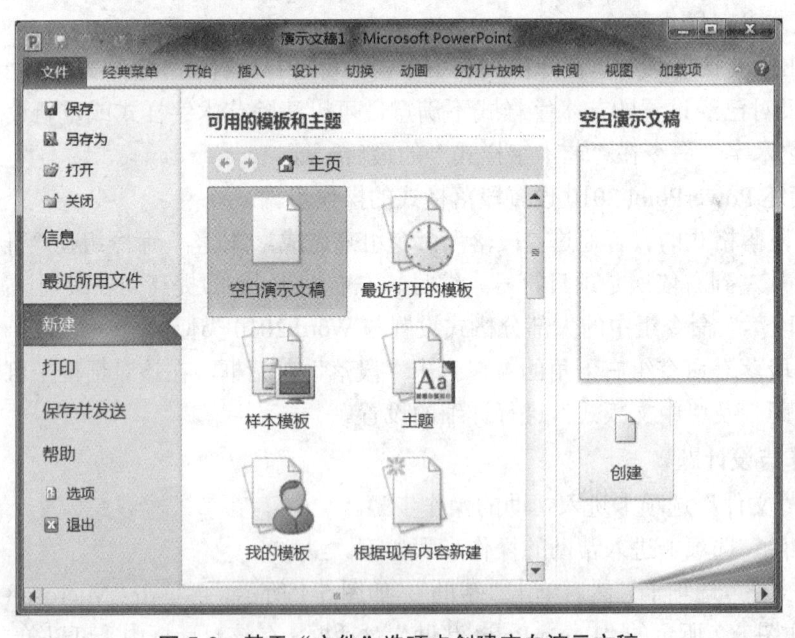

图 5-3　基于“文件”选项卡创建空白演示文稿

(3) 在 PowerPoint 2010 下修改幻灯片版式。

修改幻灯片版式的操作步骤如下。

① 单击“开始”选项卡下“幻灯片”命令组中的“版式”按钮。

② 弹出如图 5-4 所示的页面，页面中反色显示的，是当前选中幻灯片的版式。

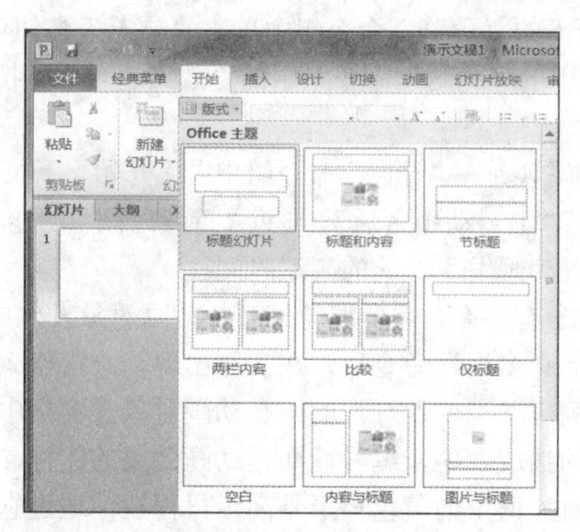

图 5-4　幻灯片版式

③ 单击所需要的版式即可对当前幻灯片的版式进行修改。

(4) 在 PowerPoint 2010 下创建新的版式。

创建新的版式的操作步骤如下。

① 在母版视图下，选中左侧要添加新版式的幻灯片母版后，单击“编辑母版”命令组中的“插入版式”，则在当前母版下方添加一张新的版式。

② 编辑版式：在新版式中可以插入各种元素，还可以插入各类占位符。单击“母版版式”命令组中的“插入占位符”命令，下面有各类占位符可供选择，如图 5-5 所示。

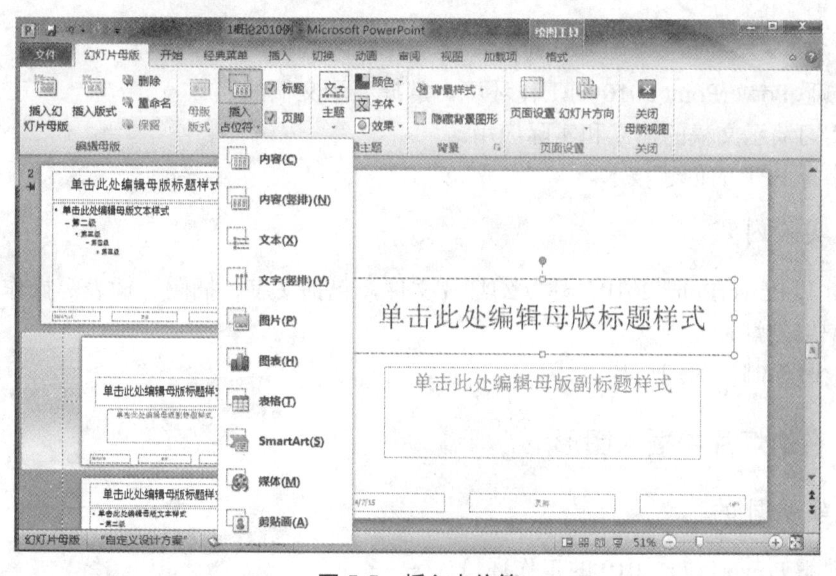

图 5-5　插入占位符

③ 编辑完毕后，关闭母版视图。

(5) 在 PowerPoint 2010 下设置幻灯片动画。

设置幻灯片动画的操作步骤如下。

① 选中需要设置动画的对象，单击“动画”选项卡，出现“动画”功能区，单击“动

画”命令组中的下拉按钮，弹出动画效果库，选择某个预设效果。

② 在“动画”选项下的“预览”命令组中单击“预览”按钮可以对动画进行预览。

③ 在“动画”选项下的“动画”命令组中的“效果选项”下拉菜单中可以对效果的变化方向进行修改。

④ 根据动画对象的需要，在“计时”命令组中的“开始”下拉列表框中选择其一：“单击时”“与上一动画同时”“上一动画之后”。通过“持续时间”功能项设置动画的持续时间；通过“延迟”功能项设置动画发生之前的延迟时间。

⑤ 当幻灯片动画对象有多个，需要调整幻灯片动画对象发生的时间顺序时，单击“高级动画”命令组中的“动画窗格”命令后，在右侧出现动画窗格。

动画窗格的列表框列出了当前幻灯片的所有动画对象。窗格中编号表示具有该动画效果的对象在该幻灯片上的播放次序，编号后面是动画效果的图标，可以表示动画的类型；图标后面是对象信息；对象框中的黄色矩形是高级日程表，通过它可以设置动画对象的开始时间、持续时间、结束时间等。选择其中一动画对象，可以通过和重新调整动画对象的播放顺序。如果要删除某个动画效果，选中后按 Delete 键，或是单击鼠标右键，从弹出的快捷菜单中选择“删除”命令。

⑥ 预览动画。单击动画窗格播放按钮，即可预览动画。

5.3 实验指导

实验 1 建立.pptx 文件

一、实验目的

(1) 熟悉 PowerPoint 2010 的工作环境，掌握演示文稿的建立。
(2) 实习演示文稿的建立和实际应用。
(3) 掌握 PPT 的创建技术。

二、实验内容

(1) 打开 PowerPoint 2010，建立幻灯片文件，包括文字、插图、插表等操作。
(2) 编辑幻灯片。
(3) 放映你制作的幻灯片。

实验 2 在幻灯片中插入图形

一、实验目的

(1) 熟悉 PowerPoint 2010 的工作环境。
(2) 掌握演示文稿文件的建立。
(3) 图形的插入和编辑。
(4) 掌握演示文稿文件的创建技术和编辑技术。

二、实验内容

按照插入图形到幻灯片上的步骤，在幻灯片中插入一个“笑脸”形状和一个“云形”

标注形状。之后，再对图形进行编辑操作。

图 5-6 所示是过程示例。

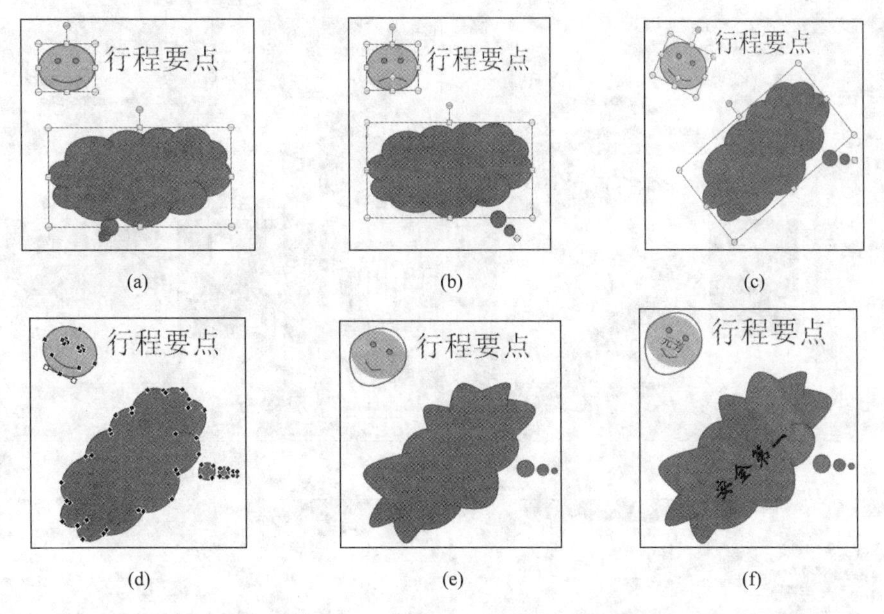

图 5-6　插入一个“笑脸”和一个“云形”标注形状

(1) 将图形移动到合适的地方。单击选中形状，并拖动鼠标，可以将形状拖动至合适的位置。

(2) 改变形状的大小。单击选中形状，将鼠标放置在形状的四个角的圆形控制点上，鼠标变为斜箭头时，可以对形状的大小进行整体的放缩调整；单击选中图形，将鼠标放置在包围形状四个边的中间控制点上，鼠标变为竖向或横向箭头时，可以对形状的高度和宽度进行调整，如图 5-6(a)所示。

(3) 通过黄色的图形控制点调整图形。单击选中图形，如果图形上有黄色的图形控制点，将鼠标放置在黄色的控制点上，拖动可以对图形的特征进行变换和调整。图 5-6(b)所示为将“笑脸”形状上嘴巴上的黄色控制点上移后的结果，以及将“云形”标注下端的黄色控制点右移后的结果。

(4) 旋转图形。单击选中图形，将鼠标放置在图形的绿色控制点上，拖动鼠标即可旋转图形，图 5-6(c)所示为将“笑脸”形状和“云形”标注分别向左向右旋转后的结果。

(5) 改变图形形状。在图形上右击，从弹出的快捷菜单中选择“编辑顶点”命令，便可将该图形转化为一些关键顶点控制的曲线，如图 5-6(d)所示，通过拖动顶点即可改变图形以前的形状，在幻灯片的其他位置单击即可退出编辑模式，如图 5-6(e)所示。

(6) 添加文字。在图形上右击，从弹出的快捷菜单中选择“编辑文字”命令，便可在图形中输入文本内容，也可以通过“字体”组设置字体格式等，在幻灯片的其他位置单击即可退出编辑模式，如图 5-6(f)所示。

图 5-7 所示为在幻灯片中插入一个“云形”标注形状的完整例子。具体的操作步骤如下。

① 选中要插入形状的幻灯片，例如，图 5-7(a)所示幻灯片。

② 单击“插入”选项卡下“插图”命令组中的“形状”按钮，选择“云形”标注，在幻灯片中拖动鼠标绘制该标注，效果如图 5-7(b)所示。

③ 调整“云形”标注的大小和形状，效果如图 5-7(c)所示。

④ 在“云形”标注中添加文字，效果如图 5-7(d)所示。

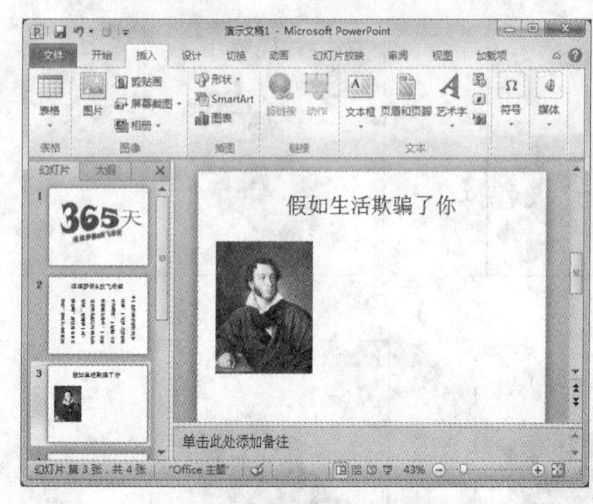

(a)

(b)

(c)

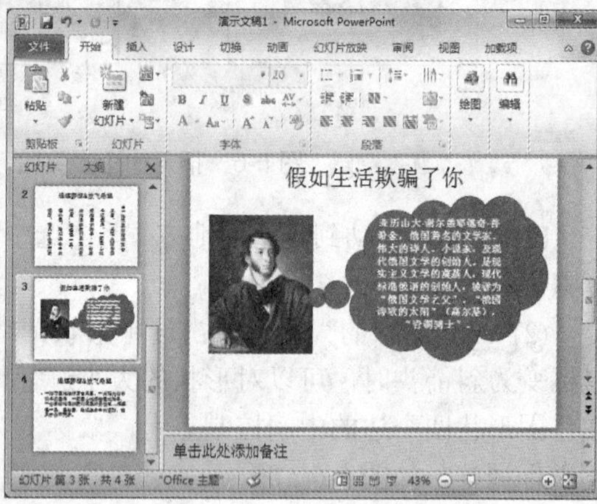

(d)

图 5-7　插入一个“云形”标注形状

实验 3　在幻灯片中插入剪贴画

一、实验目的

(1) 掌握演示文稿文件的创建技术和编辑技术。

(2) 进一步熟悉 PowerPoint 2010 的工作环境。

(3) 剪贴画的插入和编辑。

二、实验内容

按照插入剪贴画到幻灯片中的步骤，在幻灯片中插入一个“书堆”剪贴画，然后，再对图形进行编辑操作。

(1) 单击“剪贴画”按钮，弹出“剪贴画”页面，在“搜索文字”下的文本框中输入“书”，单击“搜索”按钮，搜索与“书”有关的视频文件，如图 5-8(a)所示，搜索完毕后的结果如图 5-8(b)所示。单击某个剪贴画即可完成剪贴画的插入。

(2) 将书堆插入到幻灯片的标题页中，并调整大小和位置后的效果如图 5-9 所示。

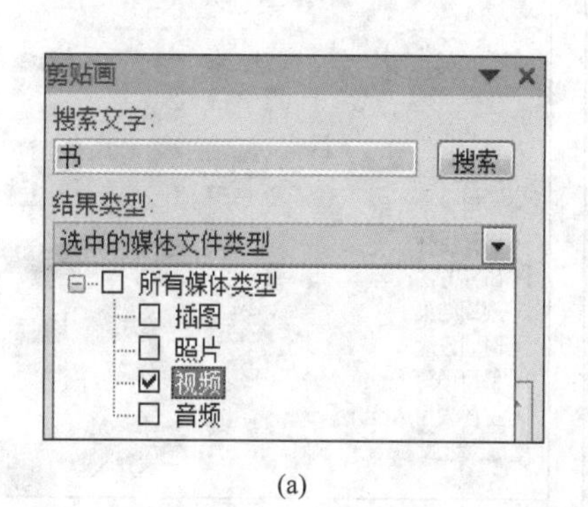

(a)

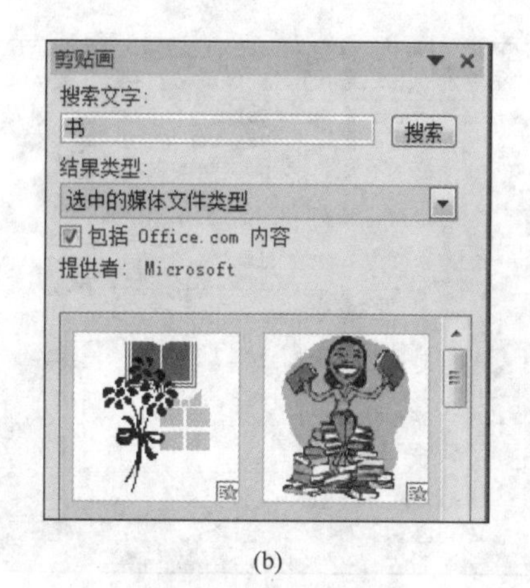

(b)

图 5-8 插入剪贴画“书堆”的操作

图 5-9 在幻灯片中插入剪贴画“书堆”后的效果

实验 4 SmartArt 图形设计

一、实验目的

(1) 掌握幻灯片的创建技术和编辑技术。

(2) 进一步熟悉 PowerPoint 2010 的工作环境。

(3) 将文本转换为 SmartArt 图形。

二、实验内容

将文本转换为 SmartArt 图形。

操作方式如下。

(1) 选中待设置的段落，如图 5-10 所示。

(2) 单击“开始”选项卡下“段落”命令组中的“转换为 SmartArt”按钮，弹出如图 5-11 所示的 SmartArt 图形库。

(3) 将鼠标放在某个 SmartArt 图形上预览效果，如图 5-12 为鼠标放在“连续块状流程”图上的预览图形。

(4) 单击“连续块状流程”将段落转换为 SmartArt 图形，并弹出如图 5-13 所示的“在

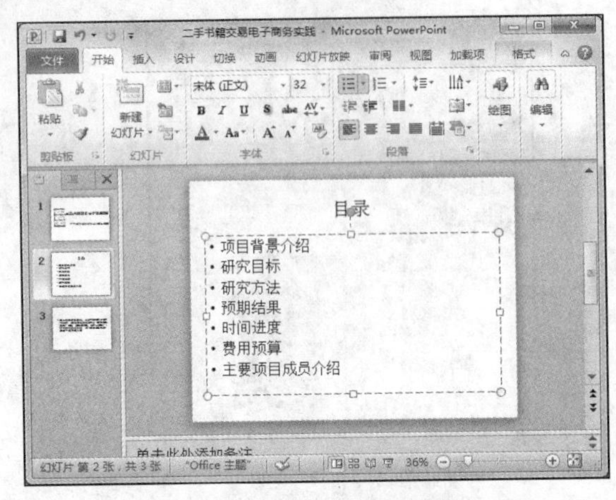
图 5-10　选中待设置的段落

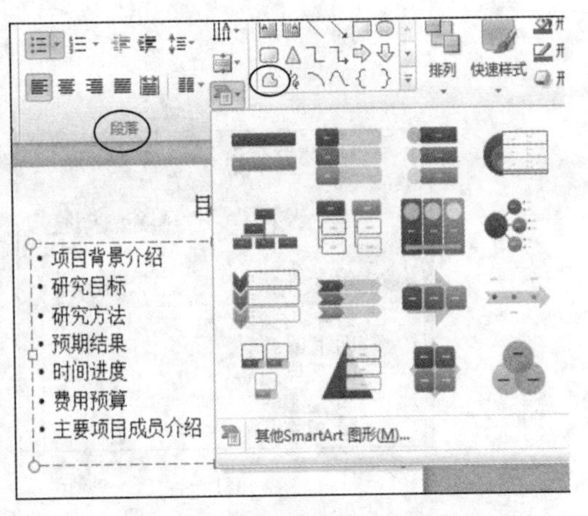
图 5-11　SmartArt 图形库

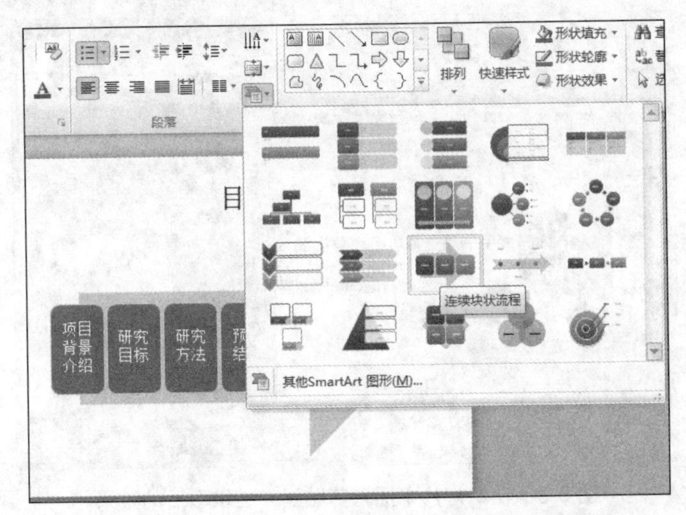
图 5-12　“连续块状流程”图的预览效果

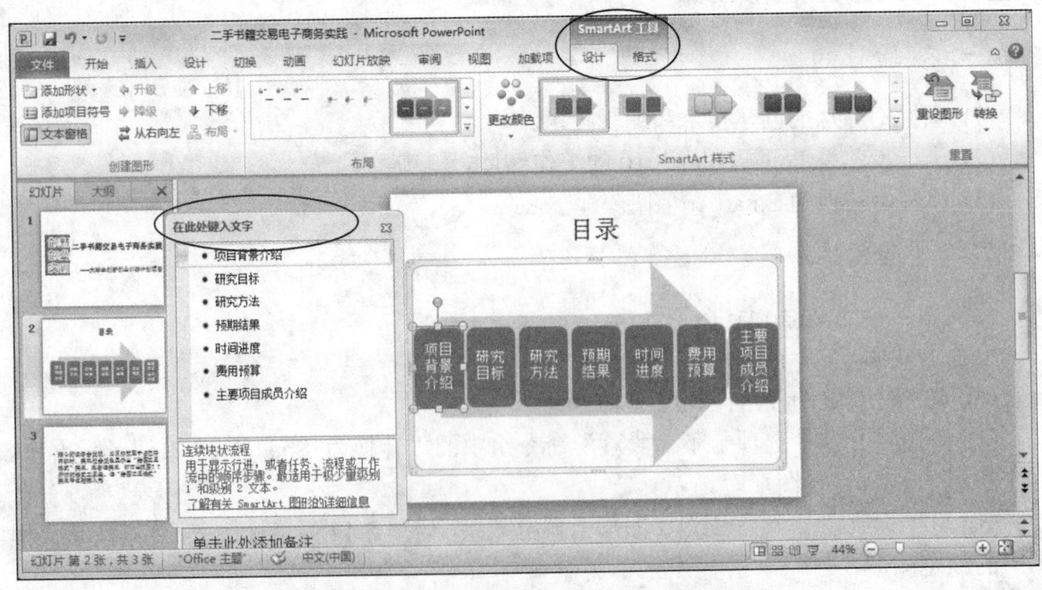
图 5-13　“连续块状流程”段落及图形效果编辑

此处键入文字”对话框，用来修改段落内容。同时，菜单栏出现“SmartArt 工具”选项卡，用来修改当前 SmartArt 图形的效果。

(5) 如果不需要修改效果，单击页面的其他地方，对话框及选项卡即隐藏。此时“转换为 SmartArt”按钮不再可用。如果要再次修改该 SmartArt 图形效果，单击该图形，菜单栏上会出现“SmartArt 工具”选项卡。

实验5 在演示文稿中插入声音

一、实验目的

(1) 掌握演示文稿的创建技术和编辑技术。

(2) 进一步熟悉 PowerPoint 2010 的工作环境。

(3) 在演示文稿中插入音频。

二、实验内容

在演示文稿中插入声音。

为了使幻灯片有声有色，可以从文件或 CD 中插入音乐来配合幻灯片的播放，也可以使用麦克风录制声音并插入到幻灯片中。

插入声音的操作步骤如下。

(1) 选择要插入声音的幻灯片，在“插入”选项下的“媒体”命令组中，单击“音频”命令，如图 5-14 所示，弹出的菜单中包括 3 个命令：“文件中的音频”“剪贴画音频”“录制音频”。

(2) 如果想添加文件夹中的音频到幻灯片，则单击“文件中的音频”命令，弹出图 5-15 所示的“插入音频”对话框，选择自己喜欢的音频文件插入。

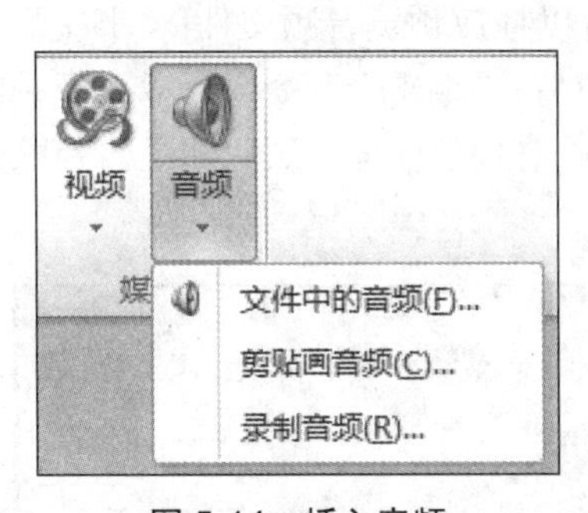

图 5-14 插入音频

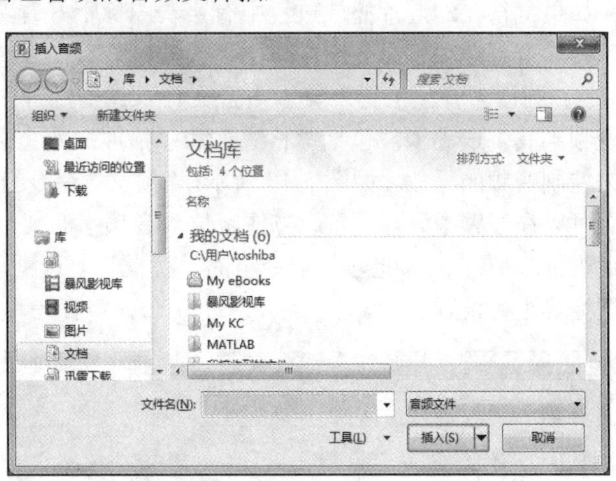

图 5-15 “插入音频”对话框

如果想添加剪贴画中的音频，则单击“剪贴画音频”命令，弹出图 5-16 所示的页面，搜索相关音频文件，单击插入。

如果想即时录制音频插入，单击“录制音频”命令，弹出图 5-17 所示的“录音”对话框。单击有红色圆形的“录制”按钮开始录音，单击有蓝色长方形的“停止”按钮停止录音，单击有蓝色三角形的“播放”按钮对录制的音频进行播放。单击对话框中的“确定”按钮即可将当前录制的音频加入到幻灯片中，单击“取消”按钮可以取消此次的音频插入。

(3) 预览音频文件。插入音频文件后，幻灯片中会出现声音图标，它表示刚刚插入的声音文件。在幻灯片中单击选中声音图标，如图 5-18 所示，在幻灯片上会出现一个音频工具栏，通过“播放/暂停”按钮可以预览音频文件，通过“静音/取消静音”按钮可以调整音量的大小。

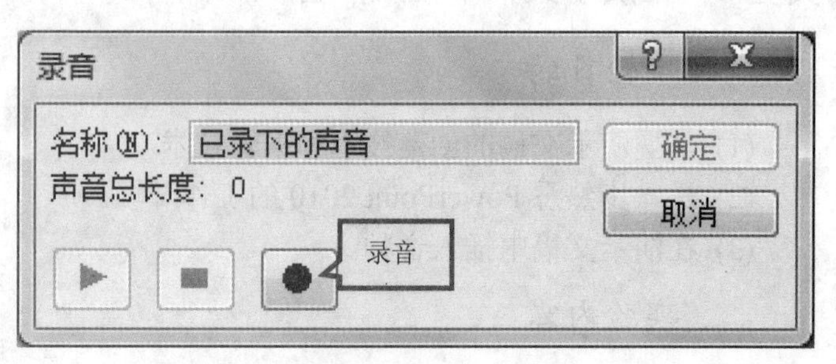

图 5-17　“录音”对话框

图 5-16　插入剪贴画中的音频

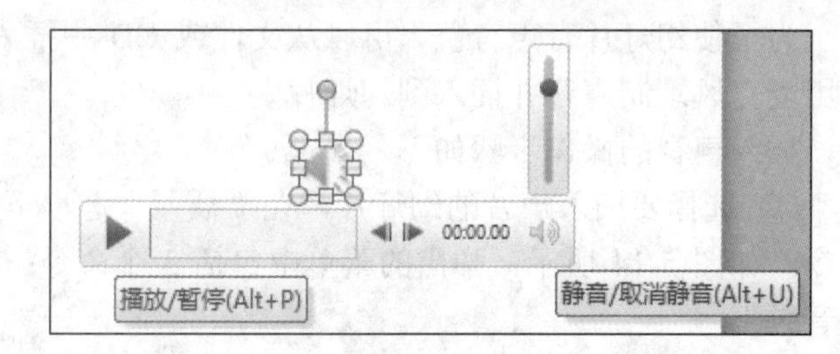

图 5-18　声音图标及其控制工具栏

如果觉得在幻灯片播放过程中有声音图标不好看，可参考下述第(4)步操作中，在图 5-19 所示的“音频选项”命令组中选中“放映时隐藏”复选框。

(4) 利用“音频工具”编辑声音文件。在幻灯片中单击声音图标，在菜单栏上会出现“音频工具”选项卡，包括“格式”和“播放”两个选项页，选择“播放”选项卡中的命令来控制音频的播放。如图 5-19 所示，“预览”命令组可以播放预览音频文件；“书签”命令组可以在音频中添加书签，方便定位到音频中的某个位置；“编辑”命令组可以对音频的长度进行裁剪；“音频选项”命令组的下拉框和复选框可以对播放时间、次数和是否隐藏声音图标等进行设置。

图 5-19　“音频工具”选项卡下的“播放”选项页

实验 6　在演示文稿中插入视频

一、实验目的

(1) 掌握幻灯片的创建技术和编辑技术。

(2) 进一步熟悉 PowerPoint 2010 的工作环境。

(3) 在演示文稿中插入视频。

二、实验内容

插入视频的操作步骤与插入音频的操作类似，基本步骤如下。

(1) 选择需要插入视频的幻灯片。

(2) 单击“插入”选项卡下“媒体”命令组中“视频”命令下的小三角形箭头，弹出如图 5-20 所示的下拉菜单，下拉菜单包括“文件中的视频”“来自网站的视频”“剪贴画视频”等 3 个命令。

如果要从文件中添加视频，选择“文件中的视频”命令，在弹出的“插入视频文件”对话框中选择视频文件进行插入即可。

如果要插入网站上的视频，选择“来自网站的视频”命令，弹出“从网站插入视频”对话框，将视频文件的嵌入代码拷贝、粘贴到文本框中，如图 5-21 所示，单击“插入”按钮即可完成插入。

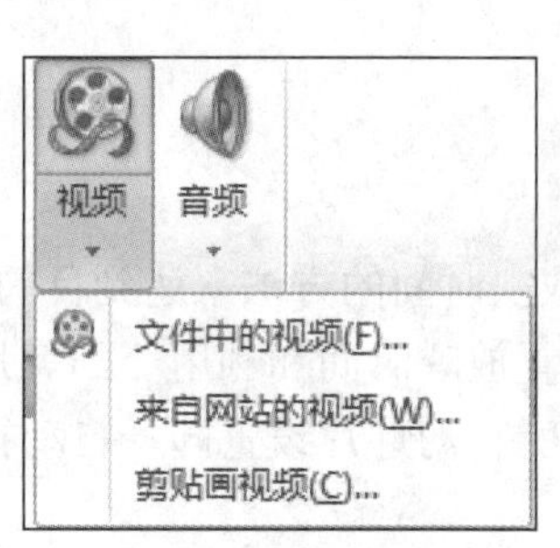

图 5-20　插入视频

从网站插入视频

若要插入已上载到网站的视频的链接，请从该网站复制嵌入代码，并将其粘贴到以下文本框：

```
<div><object id='sinaplayer' width='480' height='370' ><param
name='allowScriptAccess' value='always' /><embed
pluginspage='http://www.macromedia.com/go/getflashplayer'
src='http://you.video.sina.com.cn/api/sinawebApi/outplayrefer.php/vid=82881775_
1757917215
_OxjgRiYwXG7K+l1lHz2stqkP7KQNt6nkjm+zsl0jJw9cQ0/XM5GRYNUP4S7RBdkEqDhATJo3ff8h0Bg/s
.swf' type='application/x-shockwave-flash' name='sinaplayer'
allowFullScreen='true' allowScriptAccess='always' width='480' height='370'>
</embed></object></div>
```

帮助和示例

插入(S)　取消

图 5-21　“从网站插入视频”对话框

注意：视频文件的嵌入代码并不是它所在的网址，打开视频网址，鼠标放在视频右边，单击右侧的“分享”命令，在弹出的“分享”对话框中单击“复制 html 代码”按钮，即可复制该视频的嵌入代码。

如果要插入剪贴画视频，那么选择“剪贴画视频”命令，即可在弹出的剪贴画页面中，查找并插入相应的视频文件。

(3) 视频文件的编辑。选中视频文件后，通过“视频工具”选项卡下的“格式”和“播放”选项页来进行编辑和预览。

“视频工具”选项卡下的“格式”选项页如图 5-22 所示，通过命令组中的命令，可以对整个视频重新着色，或者轻松应用视频样式，使插入的视频看起来雄伟华丽、美轮美奂。

“视频工具”选项卡下的“播放”选项页如图 5-23 所示，通过命令组中的命令，可以对整个视频的播放进行预览、编辑和控制，如通过添加视频书签，可以轻松定位到视频中的某些位置。

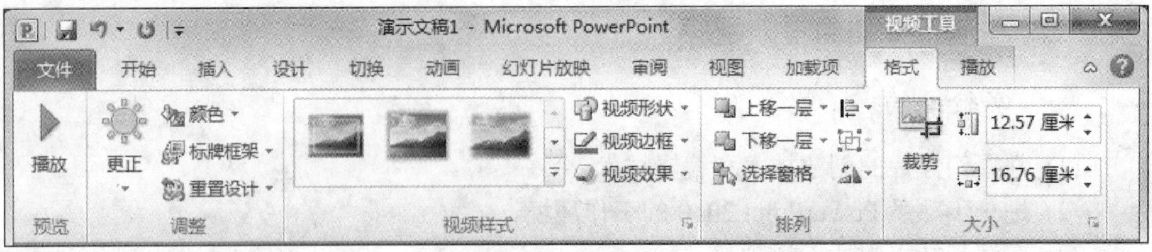

图 5-22 “视频工具”选项卡下的“格式”选项页

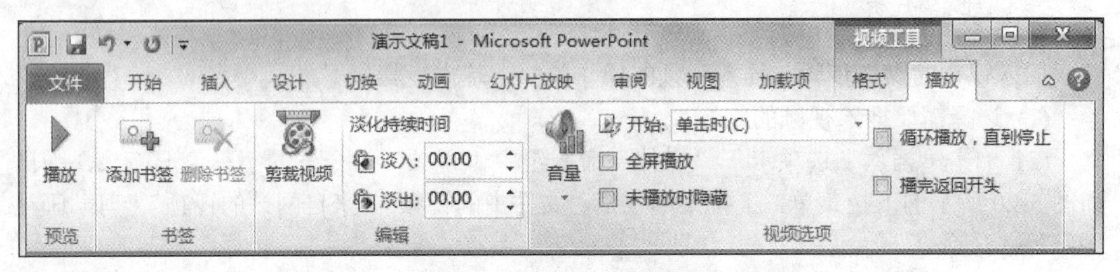

图 5-23 “视频工具”选项卡下的“播放”选项页

实验 7　设计幻灯片放映中自动换片

一、实验目的

(1) 掌握幻灯片的设计技术和编辑技术。

(2) 进一步熟悉 PowerPoint 2010 的工作环境。

(3) 掌握幻灯片放映时的自动换片技术。

二、实验内容

演示者有时需要幻灯片能自动换片，可以通过设置幻灯片放映时间的方法来达到目的。

设置幻灯片放映时间有两种方法：利用“切换”选项卡设置放映时间和利用“幻灯片放映选项卡设置”排练计时。但两者的最大区别在于，前者对所有幻灯片设置同一自动换片时间，后者则可以随心所欲地设置每张幻灯片的换片时间。

利用“切换”选项卡设置放映时间的操作步骤如下。

打开“切换”选项卡，选中“计时”命令组中的“设置自动换片时间”复选框，如图 5-24 所示，并设置换片的时间，“单击鼠标时”复选框可以和“设置自动换片时间”复选框同时选中，达到设置的自动换片时间则切换到下一张幻灯片，如果单击鼠标也会切换到下一张幻灯片。

自动设置放映时间的操作步骤如下。

(1) 打开“幻灯片放映”选项卡，单击“设置”命令组中的“排练计时”命令，即可启动全屏幻灯片放映。

(2) 屏幕上出现如图 5-25 所示的“录制”对话框，第一个时间表示在当前幻灯片上所用的时间，第二个时间表示整个幻灯片到此时的播放时间。此时，练习幻灯片放映，会自动录制下来每张幻灯片放映的时间。

(3) 幻灯片放映结束时，弹出图 5-26 所示的对话框，如果要保存这些计时以便将其用于自动运行放映，单击“是”按钮。

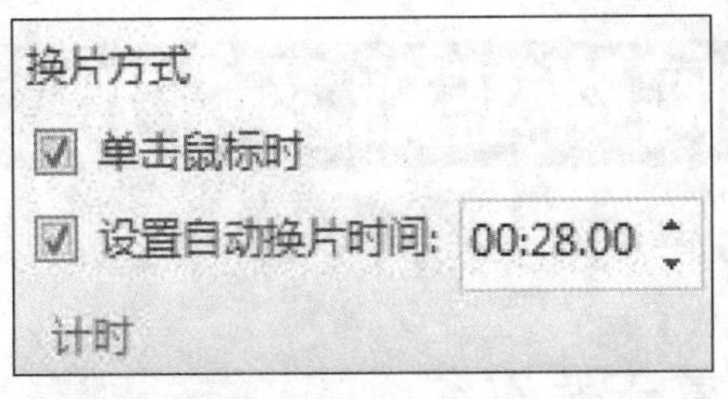

图 5-24 设置换片方式

图 5-25 “录制”对话框

图 5-26 是否保留排练时间提示框

(4) 幻灯片自动切换到幻灯片浏览视图方式，在每张幻灯片的左下角出现每张幻灯片的放映时间，如图 5-27 所示。

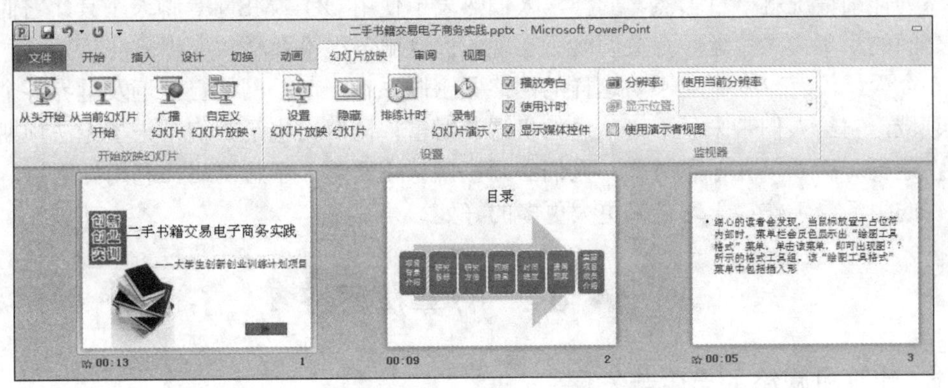

图 5-27 排练计时

第6章 计算机网络基础及应用

6.1 本章主要内容

在人类发展史上，电子计算机的产生和发展已有一段相当长的历史。但是，以计算机为载体的互联网，不知何时开始，悄悄地进入并且融入人们的日常生活、工作和学习之中。在今天这个信息技术高度发展、信息量剧增的时代，网络成了人们最好的传播媒体。各大公司纷纷在网上建立自己的网页、网站，介绍公司的情况、宣传和销售公司的产品。类似的网站越来越多，许多不同种类的网上商城开业，不断地用诱惑的信息标榜各自的产品，顷刻之间，信息在网上广泛传播开来，使供给和需求的信息得到充分交流。人们可以足不出户，就能实现网上交易，大大促进了市场的供求两旺的局面。同样，对于学生来说，许多大型的考试报名和分数查询，都可以在网上进行。比如，国家的统一公务员考试也在网络上公布详情，考生们只要打开所在地区的招考网页，招聘部门、招考人数、职位、要求等一系列详细情况就一目了然。同样，人们热衷于使用 QQ、MSN 等聊天工具，它们把人与人之间的距离大大拉近。有关网络所实现的优良服务举不胜举。

在今天，没有一个行业不与这样的网络紧密联系在一起，网络已经遍及世界各个行业各个领域，它给人们带来了不可估量的机遇和财富，同时，也给人们带来了无法预期的许多潜在危机。所以，在信息时代，人们必须正确认识网络，了解网络，利用好网络，这将给我们的生活、工作、学习带来更大更多的好处。

6.2 计算机网络

6.2.1 计算机网络的产生与发展

1. 计算机网络的产生

1969 年，美国国防部高级研究计划管理局(Advanced Research Projects Agency，ARPA)开始建立一个命名为 ARPANET 的网络，把美国的几个军事及研究用的电脑主机连接起来。当初，ARPANET 只连接 4 台主机，从军事要求上是置于美国国防部高级机密的保护之下，从技术上它还不具备向外推广的条件。

1983 年，ARPA 和美国国防部通信局研制成功了用于异构网络的 TCP/IP 协议，美国加利福尼亚伯克莱分校把该协议作为其 BSD UNIX 的一部分，使得该协议得以在社会上流行起来，从而诞生了真正的 Internet。

1986 年，美国国家科学基金会(National Science Foundation，NSF)利用 ARPANET 发展出来的 TCP/IP 的通信协议，在 5 个科研教育服务超级电脑中心的基础上建立了 NSFNET 广域网。

在 20 世纪 90 年代以前，Internet 的使用一直仅限于研究与学术领域。商业性机构进入 Internet 一直受到这样或那样的法规或传统问题的困扰。事实上，像美国国家科学基金会等曾经出资建造 Internet 的政府机构对 Internet 上的商业活动并不感兴趣。1991 年，美国的 3

家公司分别经营着自己的 CERFnet、PSInet 及 Alternet 网络，可以在一定程度上向客户提供Internet联网服务。它们组成了“商用Internet协会”(CIEA)，宣布用户可以把它们的Internet子网用于任何的商业用途。

Internet 日益普及化，成为世界上信息资源最丰富的电脑公共网络。Internet 被认为是当前全球信息高速公路的雏形。

2. 计算机网络的发展阶段

计算机网络从产生到发展，总结起来大致经历了以下 5 个阶段。

1) 第一阶段(20 世纪 60 年代末—20 世纪 70 年代初)

这一阶段为计算机网络发展的萌芽阶段，其主要特征是：为了增加系统的计算能力和资源共享，把小型计算机连成实验性的网络。第一个远程分组交换网叫 ARPANET，是由美国国防部于 1969 年建成的，第一次实现了由通信网络和资源网络复合构成计算机网络系统，标志着计算机网络的真正产生，ARPANET 是这一阶段的典型代表。

2) 第二阶段(20 世纪 70 年代中后期)

这一阶段是局域网络(LAN)发展的重要阶段，其主要特征为：局域网络作为一种新型的计算机体系结构开始进入产业部门。局域网技术是从远程分组交换通信网络和 I/O 总线结构计算机系统派生出来的。1976 年，美国 Xerox 公司的 Palo Alto 研究中心推出以太网(ethernet)，并成功地采用了夏威夷大学 ALOHA 无线电网络系统的基本原理，使之发展成为第一个总线竞争式局域网络。1974 年，英国剑桥大学计算机研究所开发了著名的剑桥环局域网(cambridge ring)。这些网络的成功实现，一方面标志着局域网络的产生，另一方面，它们形成的以太网及环网对以后局域网络的发展起到导航的作用。

3) 第三阶段(20 世纪 80 年代)

这一阶段是计算机局域网络的发展时期，其主要特征是：局域网络完全从硬件上实现了 ISO 的开放系统互联通信模式协议的能力。计算机局域网及其互联产品的集成，使得局域网与局域网互联、局域网与各类主机互联，以及局域网与广域网互联的技术越来越成熟。综合业务数据通信网络(ISDN)和智能化网络(IN)的发展，标志着局域网络的飞速发展。1980 年 2 月，IEEE(美国电气和电子工程师学会)下属的 802 局域网络标准委员会宣告成立，并相继提出 IEEE 801.5～802.6 等局域网络标准草案，其中的绝大部分内容已被国际标准化组织(ISO)正式认可。作为局域网络的国际标准，它标志着局域网协议及其标准化的确定，为局域网的进一步发展奠定了基础。

4) 第四阶段(20 世纪 90 年代)

这是计算机网络快速发展的阶段，其主要特征是：计算机网络化，协同计算能力发展以及全球互联网络(Internet)的盛行。计算机的发展已经完全与网络融为一体，体现了“网络就是计算机”的口号。这一阶段，计算机网络开始涌入社会各行各业，逐渐被社会各行各业采用。

5) 第五阶段(21 世纪初到现在)

这是计算机网络普及阶段，其主要特征是：计算机网络的普及化，以 Internet、多媒体、通信技术、人工智能等高新技术相结合为主，网络发展成为人们工作、生活和学习中必不可少的重要工具，体现了“网络就是生活”“网络就是工作”和“网络就是学习”的概念。目前，计算机网络已进入千家万户、国民经济各个领域。另外，虚拟现实技术的应用，使网络技术蓬勃发展并迅速走向市场，走进百姓生活。计算机网络在 21 世纪以其非同寻常的魅力，正在改变着人们传统的工作、生活和学习等的方式。

6.2.2 计算机网络实例简介

计算机网络各阶段实例如图 6-1 所示。

1. 因特网(Internet)

1969 年——ARPANET，ARM 模型，早于 OSI 模型，低三层接近 OSI，采用 TCP/IP 协议。

1988 年——NSFNET，OSI 模型，采用标准的 TCP/IP 协议，成为 Internet 的主干网。

两种服务公司：因特网产品服务公司 ISP 和因特网信息服务公司 ICP。

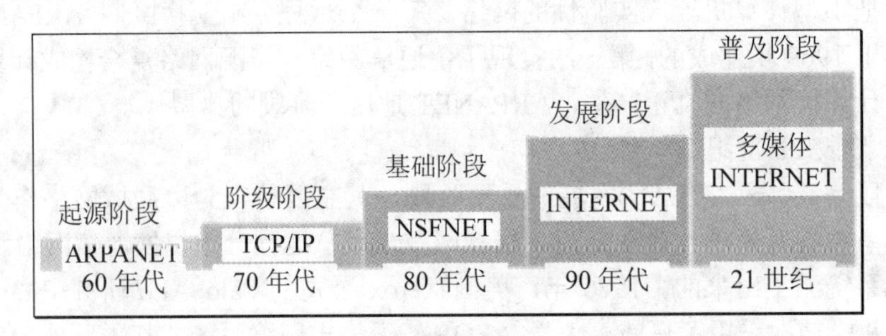

图 6-1 计算机网络各阶段实例

2. 公用数据网 PDN(public data network)

计算机网络中负责完成结点间通信任务的通信子网称为公用数据网，如英国的 PSS、法国的 TRANSPAC、加拿大的 DATAPAC、美国的 TELENET、欧共体的 EURONET、日本的 DDX-P 等都是公用数据网。我国的公用数据网 CHINAPAC(CNPAC)于 1989 年开通服务。

这些公用数据网对于外部用户提供的界面大都采用了国际标准，即国际电报电话咨询委员会 CCITT 制订的 X.25 建议，规定了用分组方式工作和公用数据网连接的数据终端设备 DTE 和数据电路终端设备 DCE 之间的接口。在计算机接入公用数据网的场合下，DTE 就是指计算机，而公用数据网中的分组交换结点就是 DCE。

X.25 是为同一个网络上用户进行相互通信而设计的。而现在的 X.75 是为各种网络上用户进行相互通信而设计的。X.75 取代了 X.25。

3. SNA(system network architecture)

SNA 是 IBM 公司的计算机网络产品设计规范。1974 年 SNA 适用于面向终端的计算机网络；1976 年 SNA 适用于树型(带树根)的计算机网络；1979 年 SNA 适用于分布式(不带根)的网络；1985 年 SNA 可支持与局域网组成的任意拓扑结构的网络。

SNA 虽早于 OSI，但底层却很相似。

6.3 计算机网络体系结构

6.3.1 网络体系结构基本概念

计算机网络是一个非常复杂的系统。两台计算机要通过计算机网络来进行有效的通信，有许多复杂的问题需要解决，例如如何激活通信线路，如何在网络中有效地识别接收数据的计算机，出现差错或意外事故如何处理等。要想从整体上周密地设计出有效的计算机网络是非常困难的。

因此，人们在设计计算机网络时采用了一种“分层”的思想。“分层”可将庞大而复杂的问题转化为若干较小的局部问题，而这些较小的局部问题就比较易于研究和处理。

图 6-2 说明了应用进程的数据在各层之间的传递过程。计算机 1 上的进程 AP_1 要发送数据到计算机 2 上的进程 AP_2。数据首先被交给发送端的第 5 层进行处理，然后递交到第 4 层处理，依此类推。在接收端则首先由第 1 层进行处理，然后递交到第 2 层处理，依此类推，最后由第 5 层递交给 AP_2。

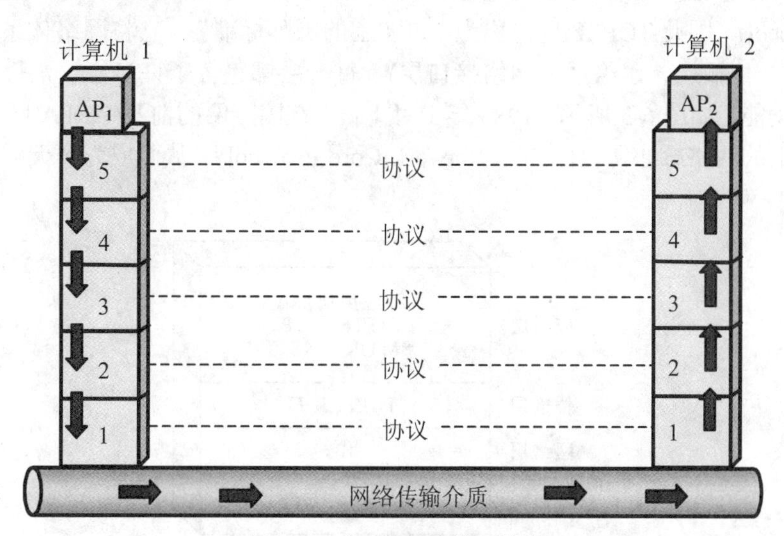

图 6-2　分层的网络体系结构

为进行网络中的数据交换而建立的规则、标准或约定即网络协议(network protocol)，简称为协议。协议是在每一层来实现的。例如在图 6-2 中，计算机 1 的第 5 层和计算机 2 的第 5 层共同遵守第 5 层的协议，计算机 1 的第 4 层和计算机 2 的第 4 层共同遵守第 4 层的协议，依此类推。因此，我们说协议是“水平的”。

网络协议是计算机网络不可缺少的组成部分，它主要由以下三个要素组成。

语法：数据与控制信息的结构或格式。

语义：需要发出何种控制信息，完成何种动作以及做出何种响应。

同步：事件实现顺序的详细说明。

计算机网络体系结构(network architecture)就是计算机网络层次结构模型和各层协议的集合。

网络体系结构的出现，使得一个公司所生产的网络设备能够很容易地互联成网。但各种网络体系结构互不兼容，采用不同网络体系结构的网络之间就很难互相连通了。这成为计算机网络发展的主要障碍，有必要制定通用的计算机网络体系结构标准。于是，出现了网络体系结构的标准 OSI/RM 和 TCP/IP。

6.3.2　ISO/OSI

国际标准化组织(ISO)于 1977 年成立了专门的机构，研究网络体系结构的标准化问题。

不久，他们提出了一个试图使各种计算机在世界范围内互连成网的标准框架，即著名的开放系统互连基本参考模型(Open System Interconnection Reference Model，OSI/RM)。在 1983 年形成了开放系统互连基本参考模型的正式文件，即著名的 ISO7498 国际标准，也就是所谓的七层协议的体系结构，它将网络体系结构划分为应用层、表示层、会话层、传输层、网络层、数据链路层、物理层等七层。

6.3.3 TCP/IP

Internet 采用的网络体系结构是非国际标准 TCP/IP(Transmission Control Protocol/Internet Protocol)，因此 TCP/IP 也被称为“事实上的国际标准”。它将网络体系结构划分为四层(应用层、传输层、网络层、网络接口层)，每一层都包含了许多协议，每个协议用来完成特定的功能，如图 6-3 所示。1983 年 1 月 1 日，在因特网的前身(ARPA 网)中，TCP/IP 协议取代了旧的网络核心协议(NCP，Network Core Protocol)，从而成为今天的互联网的基石。

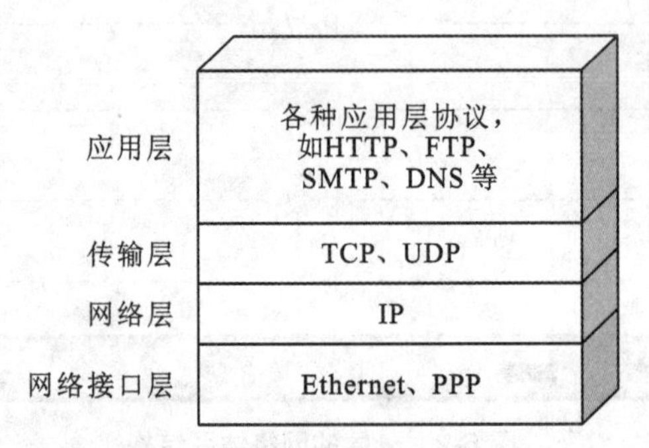

图 6-3　TCP/IP 网络体系结构

1. 应用层(application layer)

应用层是体系结构中的最高层。应用层直接为用户的应用进程提供服务。这里的进程就是指正在运行的程序。在因特网中的应用层协议很多，如支持万维网应用的 HTTP 协议，支持电子邮件服务的 SMTP 协议，支持文件传输的 FTP 协议等。

2. 传输层(transport layer)

传输层的任务就是负责为两个主机中进程之间的通信提供服务。由于一个主机可同时运行多个进程，因此传输层必须有能力识别每一个通信进程，例如通信的源进程和目的进程。传输层是通过“端口”来实现进程的识别的，每个进程都会有一个标识号，这就是端口号。这样，传输层具有复用和分用的功能。复用就是传输层在用目的端口对多个应用层进程进行区分之后统一使用传输层的服务，分用则是传输层把收到的信息根据不同的目的端口交付给上面应用层中的相应的进程。传输层主要使用两种协议，即 TCP 协议和 UDP 协议。

3. 网络层(network layer)

网络层负责为分组交换网上的不同主机提供通信服务。在发送数据时，网络层把传输层产生的报文段封装成分组或数据包进行传送。在封装数据包时，网络层在数据包头中添加了相关的网络层信息，其中最重要的是源 IP 地址和目的 IP 地址。这样，网络中的路由器可以根据这个目的地址找到何时的路由，并最终找到目的主机。

因特网是一个很大的互联网，它由大量的异构网络通过路由器相互连接起来。因特网最主要的网络层协议就是IP(Internet Protocol)协议，因此网络层也称为IP层。

4. 网络接口层(network interface layer)

网络接口层为TCP/IP协议的底层，又称为网络访问层，主要负责接收和处理上一层(IP层)的数据包，并通过特定的网络向网络传输介质发送；在接收端，网络接口层通过网络接口，从传输介质上接收数据后，进行处理，并抽取IP数据报交给IP层。也就是说，被发送的数据在网络接口层才真正脱离主机被发送到网络上，而在接收端，被接收的数据在这一层从网络进入主机。

网络接口层没有定义自己的协议，但是支持多种逻辑链路控制和媒体访问协议，如各种局域网和广域网协议中能够用于IP数据报交换的分组传输协议，包括局域网的Ethernet 、Token Ring及分组交换网X.25等。

在因特网所使用的各种协议中，最重要的和最著名的就是TCP和IP两个协议。现在人们经常提到的TCP/IP并不单指TCP和IP这两个具体的协议，而往往是表示因特网所使用的整个TCP/IP协议族(protocol suite)。

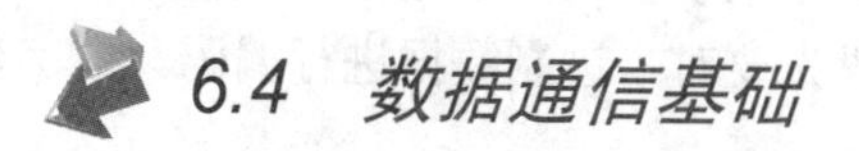

6.4 数据通信基础

6.4.1 模拟与数字信号

当今世界已步入信息时代，随着计算机的应用普及到社会的各个领域，为了快速而优质地采集信息，高效而可靠地传输信息，大量而普遍地处理、存储和使用信息，计算机要实现远距离的联网和检索遍布世界各地的数据库资料，就需要在各个计算机、工作站以及局域网之间联网，数据通信业务由此应运而生，如电子数据互换(EDI)、电子信箱、可视图文等都是因数据通信而产生的一些增值业务。

1. 几个常用的术语

数据：被定义为有意义的实体，数据可分为模拟数据和数字数据。模拟数据是在某区间内连续变化的值；数字数据是离散的值。

信号：数据的电子或电磁编码，信号可分为模拟信号和数字信号。模拟信号是随时间连续变化的电流、电压或电磁波；数字信号则是一系列离散的电脉冲。可选择适当的参量来表示要传输的数据。

信息：简单地讲，信息是数据的内容和解释。

信源：通信过程中产生和发送信息的设备或计算机。

信宿：通信过程中接收和处理信息的设备或计算机。

信道：信源和信宿之间的通信线路。

2. 模拟与数字信号的表示

模拟信号和数字信号可通过参量(幅度)来表示，如图6-4所示。

模拟数据和数字数据都可以用模拟信号或数字信号来表示，因而无论信源产生的是模拟数据还是数字数据，在传输过程中都可以用适合于信道传输的某种信号形式来传输。

模拟数据是时间的函数，并占有一定的频率范围，即频带。这种数据可以直接用占有相同频带的电信号，即对应的模拟信号来表示。模拟电话通信是它的一个应用模型。

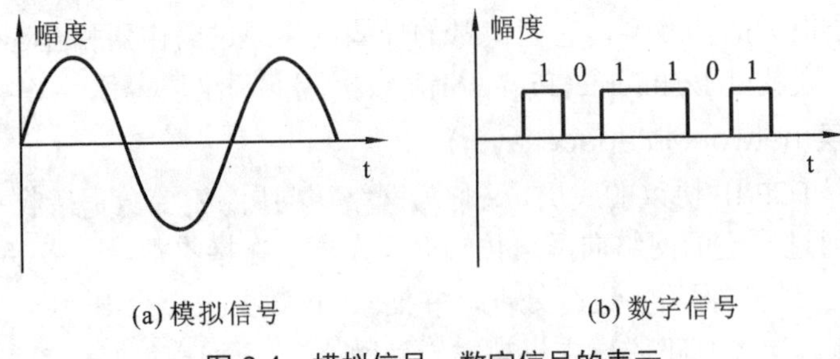

图 6-4　模拟信号、数字信号的表示

数字数据可以用模拟信号来表示。如 Modem 可以把数字数据调制成模拟信号，也可以把模拟信号解调成数字数据。用 Modem 拨号上网是它的一个应用模型。

模拟数据也可以用数字信号来表示。对于声音数据来说，完成模拟数据和数字信号转换功能的设施是编码解码器 CODEC。它将直接表示声音数据的模拟信号，编码转换成二进制流近似表示的数字信号；而在线路另一端的 CODEC，则将二进制流码恢复成原来的模拟数据。数字电话通信是它的一个应用模型。

数字数据可以用数字信号来表示。数字数据可直接用二进制数字脉冲信号来表示，但为了改善其传播特性，一般先要对二进制数据进行编码。数字数据专线网 DDN 网络通信是它的一个应用模型。

模拟信号和数字信号都可以在合适的传输媒体上进行传输，如图 6-5 所示。

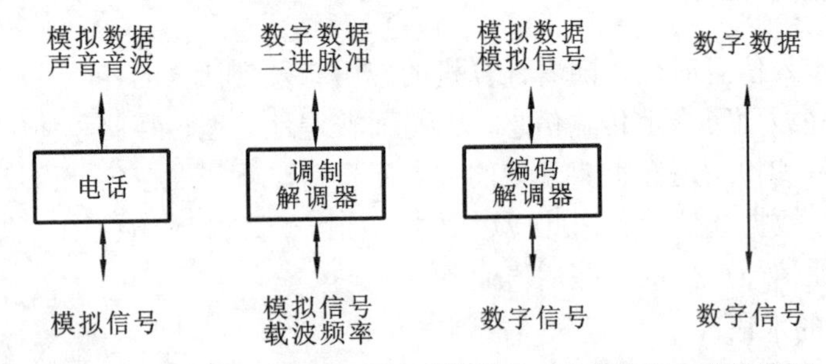

图 6-5　模拟数据、数字数据的模拟信号、数字信号的传输表示

模拟信号无论是表示模拟数据还是数字数据，在传输一定距离后都会衰减。克服的办法是用放大器来增强信号的能量，但噪音分量也会增强，以致引起信号畸变。

数字信号长距离传输也会衰减，克服的办法是使用中继器，把数字信号恢复为“0、1”的标准电平后继续传输。

6.4.2　数据通信

1. 数据通信的概念

数据通信是指通信技术与计算机技术相结合的，并依照一定协议利用数据传输技术，在两个终端之间传递数据信息的一种新的通信方式和通信业务，是各种计算机网络赖以生存的基础。它可实现计算机和计算机、计算机和终端以及终端与终端之间的数据信息传递。根据传输媒体的不同，数据通信有有线数据通信与无线数据通信之分。但它们都是通过传输信道将数据终端与计算机连接起来，而使不同地点的数据终端实现软、硬件和信息资源的共享。

2. 数据通信的发展

第一阶段：以语言为主，通过人力、马力、烽火等原始手段传递信息。

第二阶段：文字、邮政。(增加了信息传播的手段)

第三阶段：印刷。(扩大信息传播范围)

第四阶段：电报、电话、广播。(进入电器时代)

第五阶段：信息时代，除语言信息外，还有数据、图像、文本等。

3. 数据通信的特点

数据通信不同于电报、电话通信，它是为了实现计算机与计算机或终端与计算机之间的信息交互而产生的通信技术。典型的数据通信系统可用式子进行描述，即：数据通信=数据处理+数据传输。由于数据通信是计算机之间的通信，所以它具有下列特点：

(1) 数据通信传输和处理离散的数字信号；

(2) 数据通信的通信速度很高，且通信量突发性强；

(3) 数据通信实现的是人机通信或机机通信，这里的人机通信是指人通过终端与计算机间的通信，而机机通信则是指人通过终端与终端间的通信；

(4) 数据通信总是与远程信息处理相联系的，信息处理在这里是指包括了科学计算、过程控制、信息检索等内容的广义的信息处理；

(5) 数据通信的可靠性要求高；

(6) 必须事先制定通信双方必须遵守的、功能齐备的通信协议；

(7) 数据通信的信息传输效率很高；

(8) 数据通信每次呼叫的平均持续时间短。

6.4.3 数据通信标准

由于有多种因素要求同步，即使排除传输正确性和效率因素，仅仅考虑通信的建立，在网络结点之间的大量协调也是必需的。这就是要有标准。

数据通信标准可分为两大类：事实标准和法定标准，如图 6-6 所示。

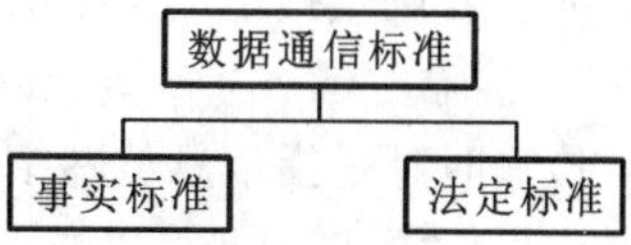

数据通信标准
事实标准 法定标准

图 6-6 标准分类

法定标准是那些被官方认可的组织制定的标准。未被官方认可的但却在实际应用中被广泛采用的标准称为事实标准。事实标准通常都是那些试图对新产品进行功能定义的生产厂商建立的。

事实标准可以进一步分为两类：私有的和非私有的。私有的标准是最初由一个商业组织为本身产品的操作制定的基础。因为该标准由制定它的企业完全拥有，所以称为私有标准。这些标准也被称作封闭式标准，因为它不提供与别的厂商产品间的通信能力。非私有标准是最初由某些组织或委员会制定并推向公共领域的标准；它们也被称为开放标准，因为它们提供了不同系统之间的通信能力。

6.4.4 数据通信系统组成和主要技术指标

1. 数据通信系统组成

数据通信系统是由计算机、远程终端和数据电路以及有关通信设备组成的一个可执行数据传输功能的系统。要实现数据通信，就必须进行数据传输，所以该系统由信源、信宿和信道三部分有机组成在一起，共同实现这一目的，缺一不可。其中，通常将数据的发送方称为信源，而将数据的接收方称为信宿，信源和信宿一般是计算机或其他一些数据终端设备。为了在信源和信宿之间实现有效的数据传输，就必须在这两者之间建立一条传送信号的物理通道，这条通道被称为物理信道，简称信道。

2. 主要技术指标

在数据通信中，有4个指标是非常重要的，它们就是数据传输速率、数据传输带宽(也称信道容量)、传输时延和误码率。

1) 数据传输速率

数据传输速率是指单位时间内传输的信息量，可用“比特率”和“波特率”来表示。

其计算公式为：

$$S=1/T\times\log_2 N(\text{bps})$$

式中：T为一个数字脉冲信号的宽度(全宽码)或重复周期(归零码)，单位为秒(s)；N为一个码元所取的离散值个数，通常N=2K，K为二进制信息的位数，$K=\log_2 N$。N=2时，$S=1/T$，表示数据传输速率等于码元脉冲的重复频率。

比特率是每秒钟传输二进制信息的位数，单位为“位/秒”，通常记作bit/s。主要单位：Kbit/s，Mbit/s，Gbit/s。目前最快的以太局域网理论传输速率(也就是所说的“带宽”)为10Gbit/s。

“波特率”也称“码元速率”“调制速率”，或者“信号传输速率”，是指每秒传输的码元(符号)数，单位为波特，记作Baud。

2) 数据传输带宽

带宽(bandwidth)是指传输信号的最高频率与最低频率之差，它是一个信道的最大数据传输速率，单位为“位/秒”(bit/s)。高带宽则意味着系统的高处理能力。但传输带宽与数据传输速率并不是一回事，前者是指信道的最大数据传输速率，是信道传输数据能力的极限，而后者则是指信道实际的数据传输速率。

3) 传输时延

传输时延是指信息从网络的一端传送到另一端所需的时间。时延=“处理时延”+“传播时延”+“发送时延”。“发送时延”是结点在发送数据时使数据块从结点进入到传输所需要的时间，也就是从数据块的第一比特开始发送算起，到最后一比特发送完毕所需的时间，又称“传输时延”。“传播时延”是电磁波在信道中需要传播一定距离所需的时间。“处理时延”是数据在交换结点为存储转发而进行一些必要的数据处理所需的时间。在结点缓存队列中分组队列所经历的时延是“处理时延”中的重要组成部分。“处理时延”取决于当时的通信量，但当网络的通信量很大时，还会产生队列溢出，这相当于处理时延为无穷大。有时可用“排队时延”作为“处理时延”。

4) 误码率

误码率(bit error，BER)是衡量数据在规定时间内数据传输精确性的指标，它是衡量数据通信系统在正常工作情况下的传输可靠性的指标。误码率=(传输中的误码/所传输的总码数)×100%。如果有误码就有误码率。

误码的产生是由于在信号传输中，衰变改变了信号的电压，致使信号在传输中遭到破坏，产生误码。噪音、交流电或闪电造成的脉冲、传输设备故障及其他因素都会导致误码(比如传送的信号是 1，而接收到的是 0；反之亦然)。各种不同规格的设备，均有严格的误码率定义，如通常视/音频双向光端机的误码率一般在(BER)≤10E−9 内。

6.4.5 数据链路连接方式

在数据通信系统中，终端设备与计算机之间的通信线路有以下三种连接方式。

1. 点-点连接方式

点-点连接有两种形式：一种是终端与计算机之间直接用线路连接；另一种是终端与计算机之间通过调制解调器用线路连接，使用的线路可以是专用线路，也可以是租用线路，这种方式适用于通信量较大的场合。

2. 多点连接方式

为了提高通信线路的利用率，多个终端通过一条公用通信线路与计算机的连接方式，就是多点连接方式。这种方式存在多终端争用公用线路的问题，因此，在多点连接方式中，计算机作为主站，终端作为从站，由计算机统一控制各终端轮流利用公用总线进行信息的收发，终端不能随意发送信息，否则将引起信号冲突。

3. 集线式连接

当多个相距较近的终端都要与距离较远的计算机通信时，为了节省通信线路，先将各个终端连到集中器上，再用频带宽的高速线路将集中器与计算机连接，这种方式就是集线式连接方式。

6.4.6 数据编码

在通过通信媒体发送信息之前，信息必须被编码形成信号。在通信理论中，编码是对原始信息符号按一定的数学规则所进行的变换。将信息变化为信号的过程中有四种编码方式，即数字与数字的编码、数字与模拟的编码、模拟与数字的编码和模拟与模拟的编码。使用这些编码的目的是，使信息变换为信号，并能在保证一定质量的条件下尽可能迅速地传输至信宿。在通信中一般要解决两个问题：一是在不失真或允许一定程度失真的条件下，如何用尽可能少的符号来传递信息，这是信源编码问题；其次是在信道存在干扰的情况下，如何增加信号的抗干扰能力，同时又使信息传输率最大，这是信道编码问题。信源编码定理(香农第一定理)给出了解决前一个问题的可能性，并同时给出了一种编码方法；有噪信道编码定理(香农第二定理)指出存在着这样的编码，它可使传输的错误概率接近于信道的容量，从而给出了解决后一问题的可能性。因此，在通信中使用编码手段可以使失真和信道干扰的影响达到最小，同时能以接近信道容量的信息传输率来传送信息。

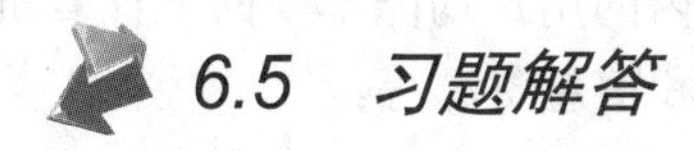

6.5 习题解答

1. 选择题

(1) 在常用的传输介质中，(　　)的带宽最宽，信号传输衰减最小，抗干扰能力最强。

A. 双绞线　　B. 同轴电缆　　C. 光纤　　D. 微波

C

(2) 在 Internet 中能够提供任意两台计算机之间传输文件的协议是(　　)。

A. WWW　　B. FTP　　C. Telnet　　D. SMTP

B

(3) 下列(　　)软件不是局域网操作系统软件。

A. Windows　NT　Server　　B. Netware
C. Unix　　D. SQL Server

D

(4) HTTP 是(　　)。

A. 统一资源定位器　　B. 远程登录协议
C. 文件传输协议　　D. 超文本传输协议

D

(5) HTML 是(　　)。

A. 传输协议　　B. 超文本标记语言
C. 统一资源定位器　　D. 机器语言

B

(6) 下列四项内容中，(　　)不属于 Internet 的基本功能。

A. 电子邮件　　B. 文件传输　　C. 远程登录　　D. 实时监测控制

D

(7) IP 地址由一组(　　)的二进制数字组成。

A. 8 位　　B. 16 位　　C. 32 位　　D. 64 位

C

(8) 下列地址(　　)是电子邮件地址。

A. www.pxc.jx.cn　　B. chenziyu@163.com
C. 192.168.0.100　　D. http：//uestc.edu.cn

B

(9) 因特网使用的互联协议是(　　)。

A. IPX 协议　　B. IP 协议　　C. AppleTalk 协议　　D. NetBE

B

2. 名词解释

(1) 计算机网络：

计算机网络是指将分散在不同地点并具有独立功能的多台计算机系统用通信线路互相连接，按照网络协议进行数据通信，实现资源共享的信息系统。

(2) 资源共享：

所谓资源共享是指所有网内的用户均能享受网上计算机系统中的全部或部分资源，这些资源包括硬件、软件、数据和信息资源等。

(3) 客户机：

在计算机网络中享受其他计算机提供的服务的计算机就称为客户机。

(4) 网络信息：

计算机网络上存储、传输的信息称为网络信息。

(5) 公用网(public network)

公用网也称公众网，一般由电信公司作为社会公共基础设施建设，任何人只要按照规定注册、交纳费用都可以使用。

(6) 专用网(private network)：

专用网也称私用网，由某些部门或组织为自己内部使用而建设，一般不向公众开放。例如军队、铁路、电力等系统均有本系统的专用网。

(7) 城域网 MAN：

城域网 MAN 是指地理覆盖范围大约为一个城市的网络。

(8) 对等网：

对等网指的是网络中没有专用的服务器、每一台计算机的地位平等、每一台计算机既可充当服务器又可充当客户机的网络。最简单的对等网由两台使用有线或无线连接方式直接相连的计算机组成。

(9) WWW：

WWW 是 world wide web 的简称，译为万维网或全球网。它并非传统意义上的物理网络，而是方便人们搜索和浏览信息的信息服务系统。

(10) HTTP：

HTTP(hyper text transfer protocol，超文本传送协议)是带有内建文件类型标识的文件传输协议，主要用于传输 HTML 文本。在 URL 中，http 表示文件在 Web 服务器上。

3. 填空题

(1) 计算机通信网络是计算机技术和_________相结合而形成的一种新通信方式。

→通信技术

(2) 世界上最庞大的计算机网络是_________。

→因特网

(3) 建立计算机网络的主要目的是实现在计算机通信基础上的_________。

→资源共享

(4) 在计算机网络中，核心的组成部分是 _________。

→服务器

(5) 集线器用于_________之间的转换。

→网络连线

(6) 集线器用于把网络线缆提供的网络接口_________。

→由一个转换为多个

(7) 中继器，又称转发器，用于连接_________。

→距离过长的局域网

(8) 网关提供_________间互联接口。

→不同系统

(9) 网关用于实现 _________ 之间的互联。

→不同体系结构网络(异种操作系统)

(10) 网络信息是计算机网络中最重要的资源，它存储于_________，由网络系统软件对其进行管理和维护。

→服务器上

4. 简答题

(1) 什么是计算机网络？

简单地说，计算机网络就是通过电缆、电话或无线通信设备将两台以上的计算机相互连接起来的集合。

(2) 计算机网络涉及哪三个方面的问题？

计算机网络涉及三个方面的问题。

① 要有两台或两台以上的计算机才能实现相互连接构成网络，达到资源共享的目的。

② 两台或两台以上的计算机连接，实现通信，需要有一条通道。这条通道的连接是物理的，由硬件实现，这就是连接介质(有时称为信息传输介质)。它们可以是双绞线、同轴电缆或光纤等“有线”介质；也可以是激光、微波或卫星等“无线”介质。

③ 计算机之间要通信交换信息，彼此就需要有某些约定和规则，这就是协议，例如TCP/IP 协议。

(3) 建立计算机网络具有哪五个方面的功能？

① 实现资源共享。

② 进行数据信息的集中和综合处理。

③ 能够提高计算机的可靠性及可用性。

④ 能够进行分布处理。

⑤ 节省软件、硬件设备的开销。

(4) 简述计算机发展的四个阶段。

第 1 阶段：计算机技术与通信技术相结合(诞生阶段)。

第 2 阶段：计算机网络具有通信功能(形成阶段)。

第 3 阶段：计算机网络互联标准化(互联互通阶段)。

第 4 阶段：计算机网络高速和智能化发展(高速网络技术阶段)。

(5) 计算机网络的组成基本上包括哪些内容？

总体来说，计算机网络的组成基本上包括计算机、网络操作系统、传输介质(可以是有形的，也可以是无形的，如无线网络的传输介质就是自由空间(包括空气和真空))以及相应的应用软件四部分。

(6) 常用的服务器有哪些？

常用的服务器有文件服务器、打印服务器、通信服务器、数据库服务器、邮件服务器、信息浏览服务器和文件下载服务器等。

(7) 简述网桥的作用。

网桥又称桥接器，也是一种网络连接设备，它的作用有些像中继器，但是它并不仅仅起到连接两个网络段的功能，它是更为智能和昂贵的设备。网桥用于传递网络系统之间特定信息的连接端口设备。网桥的两个主要用途是扩展网络和通信分段，是一种在链路层实现局域网互联的存储转发设备。

(8) 什么是网络的拓扑结构？

计算机网络的拓扑结构，是指网上计算机或设备与传输媒介形成的结点与线的物理构成模式。

(9) 简述 FTP 服务方式中的非匿名 FTP 服务。

对于非匿名 FTP 服务，用户必须先在服务器上注册，获得用户名和口令。在使用 FTP 时必须提交自己的用户名和口令，在服务器上获得相应的权限以后，方可上传或下载文件。

(10) 简述远程登录服务。

远程登录服务，即通过 Internet，用户将自己的本地计算机与远程服务器进行连接。一旦实现了连接，由本地计算机发出的命令，可以到远程计算机上执行，本地计算机的工作情况就像是远程计算机的一个终端，实现连接所用的通信协议为 Telnet。通过使用 Telnet，用户可以与全世界许多信息中心图书馆及其他信息资源联系。

6.6 实验指导

实验 1 浏览器的使用

一、实验目的

(1) 熟悉 IE 浏览器的使用。

(2) 其他浏览器也可类似使用。

二、实验内容

1. 实验说明

IE，即“Internet Explorer”，是美国微软公司开发的万维网浏览器。无论是搜索新信息还是浏览我们喜爱的站点，Internet Explorer 都能够让我们从 WWW 上轻松获得丰富的信息。使用 IE 浏览器，不仅要学会浏览网页，而且应该掌握如何将正在浏览的网页保存到本地磁盘中的方法及保存一个喜欢的图形的方法。

在 Windows 7 系统下，IE 是内置的，不需另外安装。

在本实验中，我们要练习有关 IE 浏览器的常用操作，例如：IE 的启动与退出；对网页的浏览；对网页、图片、文字的保存；超链接和网址间的跳转；地址的收藏与整理；对默认主页、Internet 临时文件、历史记录等方面的设置。

2. IE 浏览器的启动和退出

(1) IE 浏览器的启动方法有：

① 双击桌面上的 Internet Explorer 图标；

② 单击任务栏上的 IE 浏览器的图标；

③ 选择“开始”菜单中“所有程序”，在其级联菜单中单击“Internet Explorer”命令。

(2) 退出 IE 浏览器最简单的方法是：在 IE 窗口中，单击标题栏上最右端的“关闭”按钮。

3. 网页的浏览方法

(1) 键入网址的方法是：

① 在 IE 窗口中，鼠标单击地址栏输入框；

② 在地址栏输入框中输入要访问的网址。

如果连接成功，则将出现相应的页面。

(2) 选择地址列表的方法是：

① 在 IE 窗口中，单击地址栏输入框右端的向下箭头按钮，则打开了地址栏的下拉列表框，如图 6-7 所示；

② 在该下拉列表框中单击先前已访问过的某个网址。

(3) 使用收藏夹的方法是：

① 在 IE 窗口中，单击工具栏上的“收藏夹”按钮★，则出现“收藏夹”栏，如图 6-8 所示；

② 在“收藏夹”栏中，单击要访问的某个网址。

(4) 在新窗口中浏览的方法是：

① 在网页上查找到所要访问的链接网址或超链接；

② 用鼠标右键单击它们；

③ 在弹出的快捷菜单中单击“在新窗口中打开”命令，如图 6-9 所示。

图 6-7 地址栏的下拉列表框

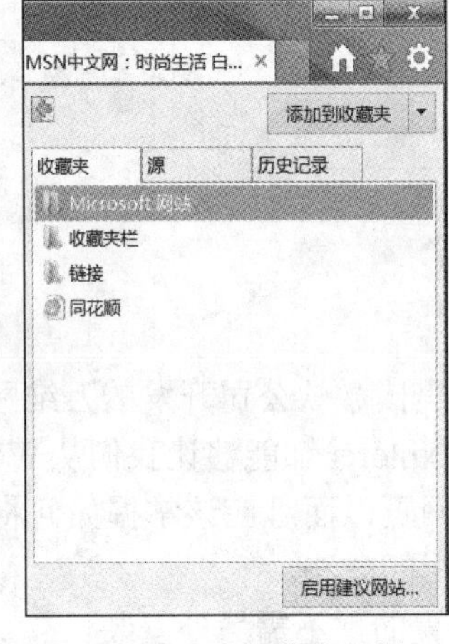

图 6-8 “收藏夹”栏

图 6-9 单击“在新窗口中打开”命令

(5) 利用超链接的方法是：

① 将鼠标指向网页中的超链接，此时鼠标指针变为导航手型指针；

② 单击鼠标左键，则打开了相关的链接网页。

4. 网页内容的保存

(1) 整个网页的保存。

① 打开将要保存的网页。

② 单击右上角的工具按钮(齿轮状)或按 Alt+X 键，如图 6-10 所示，单击弹出的菜单中的“文件”→“另存为”命令，则弹出“保存网页”对话框，如图 6-11 所示。

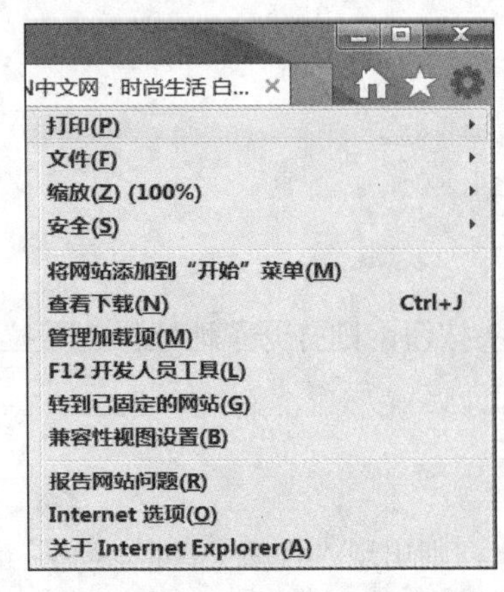

图 6-10 工具按钮的下拉菜单

图 6-11 “保存网页”对话框

③ 在“保存网页”对话框中，设定保存网页路径、文件的名称、保存类型，并选择要存放的目标地址。

④ 设置完毕，单击“保存”按钮。

(2) 网页文字的保存。

① 在网页上按住鼠标左键并拖动鼠标，以选定所需文字。

② 鼠标右键单击所选文字，在弹出的快捷菜单中单击“复制”命令。

③ 打开一个文字编辑器，再执行“粘贴”命令。

④ 最后将该指定文件存盘。

(3) 网页图片的保存。

① 鼠标右键单击所要保存的网页图片。

② 在弹出的快捷菜单中单击“图片另存为”命令，则弹出“保存图片”对话框，如图6-12所示。

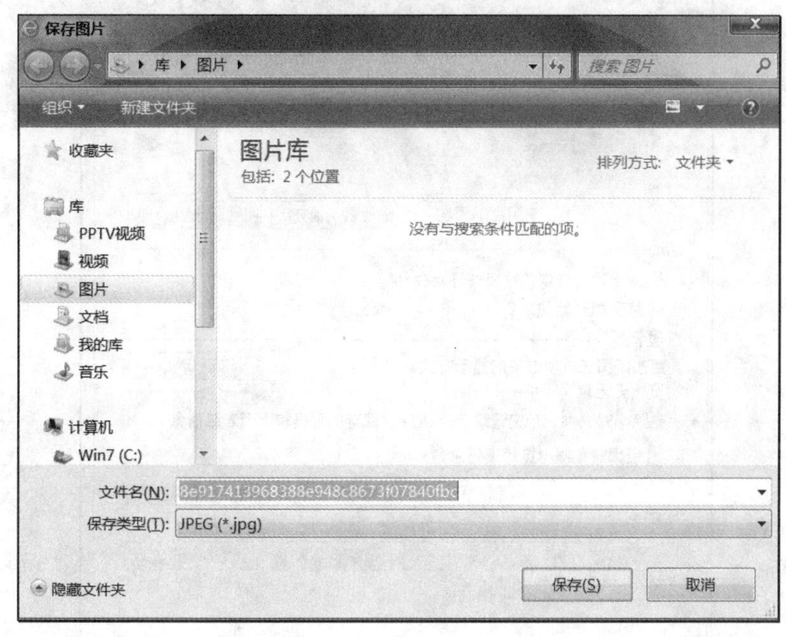

图 6-12 “保存图片”对话框

③ 在“保存图片”对话框中，设定保存图片文件的名称、保存类型，并选择要存放的目标地址。

④ 设置完毕，单击“保存”按钮。

(4) HTML 源代码的保存。

① 单击“查看”菜单中的“源文件”命令，便会以文本编辑器方式(如记事本)显示出当前网页的源代码。

② 单击该文本编辑器的“文件”菜单，则产生其下拉菜单。

③ 在该级联菜单中单击“保存”命令，便可保存该 HTML 源代码文件。

5. 超链接和网址间的跳转

(1) 其他链接的跳转。

① 鼠标指针移至网页中充当超链接的图片、图像或带下划线的文字上，此时鼠标指针

变为导航手型指针。

② 单击鼠标左键，则可跳转到相应内容。

(2) 已浏览过的网址间的跳转。

① 单击任务栏上另外一个浏览器窗口的任务按钮，切换当前窗口。

② 在 IE 窗口中，单击工具栏上的“后退”按钮，则返回到当前网页前一次访问过的网页。

③ 单击工具栏上的“前进”按钮，又可逐页跳转到后面的网页。

6. IE 默认主页的设置

通过快捷菜单中的“属性”命令。

① 在桌面上用鼠标右键单击“Internet Explorer”图标，在弹出的快捷菜单中单击“属性”命令，则弹出“Internet 属性”对话框，如图 6-13 所示。

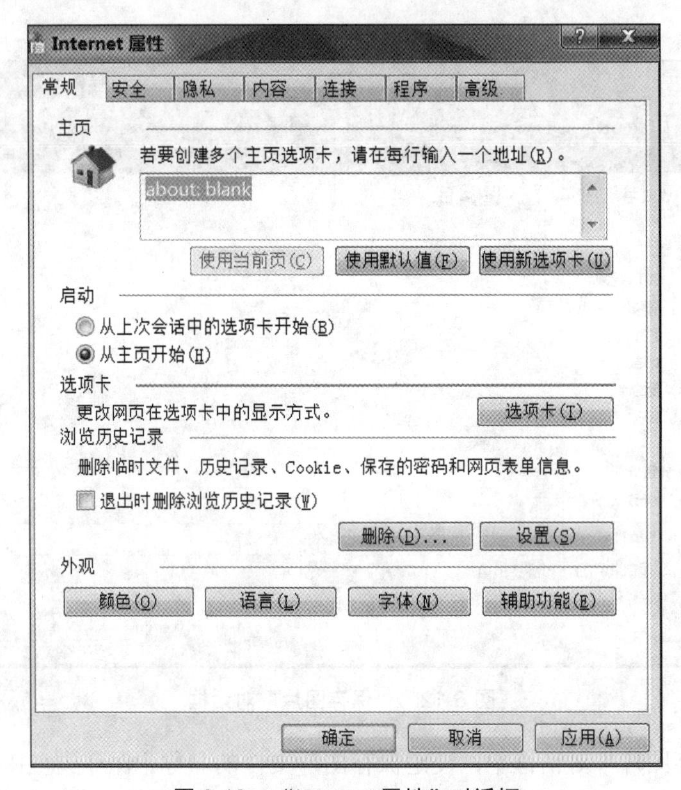

图 6-13　“Internet 属性”对话框

② 在弹出的“Internet 属性”对话框中的“常规”选项卡下，在“主页”栏下的地址输入框中输入自己喜欢的主页地址，再单击“使用当前页”按钮。

③ 设置完毕，单击“确定”按钮。

实验 2　文件下载

一、实验目的

(1) 实验网络应用技术。

(2) 熟练地从站点下载所需要的文件。

(3) 掌握在网络上下载资料的方法和技术。

二、实验内容

从站点下载一个软件，例如 Winzip。

(1) 登录 Internet。

(2) 搜索免费下载 Winzip 软件的站点。

(3) 在地址栏中输入可以免费下载的网址。

(4) 在网页上查找要下载的软件，单击可以下载的链接，有时要几个链接才能到位，单击“下载 Winzip”的链接。

(5) 选择“将该程序保存到磁盘”选项，并确认。

(6) 在“另存为”对话框中，选择保存文件的磁盘、目录和文件名(一般用默认名)，并确认，文件即可下载到指定位置。

(7) 按提示信息安装所下载的程序。

实验 3　电子邮件与 Outlook 2010

一、实验目的

(1) 掌握在网络中申请免费电子邮箱的方法。

(2) 实习在 Outlook 2010 中帐号的设置。

(3) 学会使用 Outlook Express 发送邮件。

(4) 掌握在 Outlook Express 中通信簿的建立和使用方法。

二、实验内容

1. 申请免费电子邮箱

操作要求：在网易上申请免费 E-mail 帐号。

(1) 进入网易的免费邮箱登录申请页面(http://mail.163.com)，如图 6-14 所示。

(2) 单击“注册”超链接，进入图 6-15 所示的页面。

图 6-14　网易免费邮箱登录申请页面

图 6-15　注册页面

依照提示逐步进行，成功申请你的电子邮箱。

2. 在 Microsoft Outlook 2010 中设置邮件帐号

操作要求：在 Outlook 2010 中设置在网易上申请的免费邮箱的帐号，直接使用免费邮箱。

(1) 启动 Microsoft Outlook 2010，如图 6-16 所示。

(2) 单击“下一步”按钮，进入图 6-17 所示的窗口，选择“是”。

(3) 单击“下一步”按钮，进入图 6-18 所示的窗口。

依次填写，直到完成。

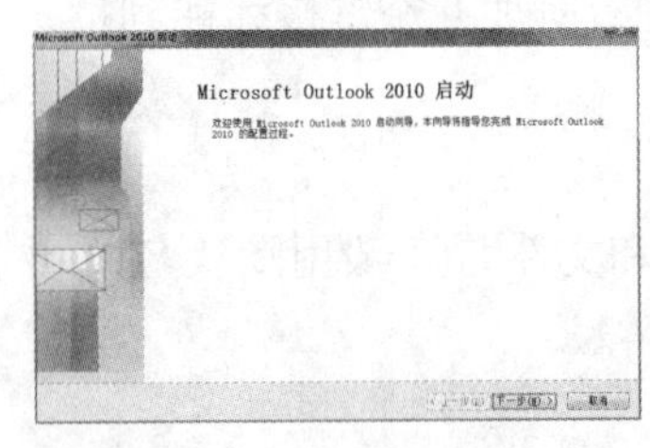

图 6-16　Microsoft Outlook 2010 启动界面

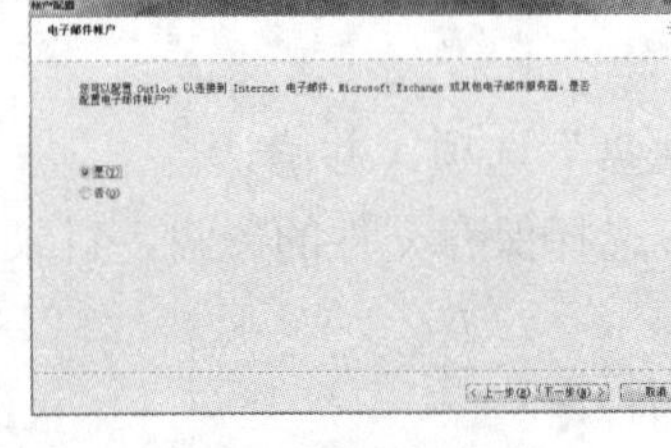

图 6-17　选择“是”

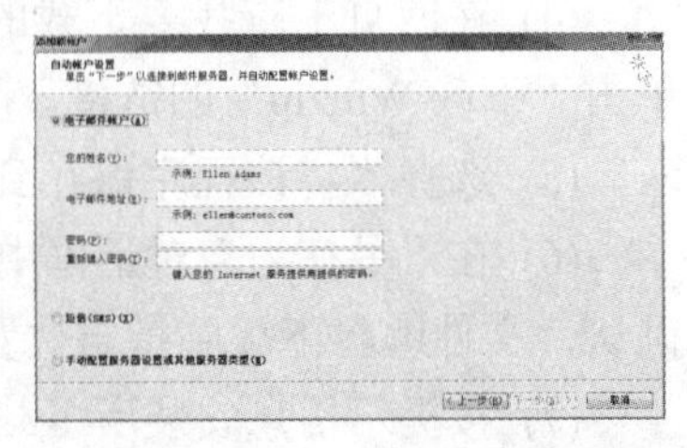

图 6-18　单击“下一步”按钮

实验 4　搜索引擎的使用

一、实验目的

(1) 利用 baidu.com 搜索所需资料。

(2) 熟悉网上搜索。

二、实验内容

1. 实验说明

搜索引擎能使我们在 Internet 上查找信息的过程变得简单、容易。它拥有“网络指南针”的美称，专门用于搜索 WWW 站点或服务器。

搜索引擎一般都具备分类目录查询和主题关键字查询两种功能。按照分类目录或主题关键字搜索后，搜索引擎会列出与之匹配的站点列表。在这些列表中显示出一组相关链接的内容，它们充当着指向各相关站点的“连接点”，我们从中单击所需的“连接点”，便可进入对应的网站页面。

其中，常用的搜索引擎包括有中国雅虎、搜狗、腾讯搜搜、360 搜索、百度等。

在本实验中，我们将通过百度等搜索引擎，练习对搜索引擎的使用，查找出所需资料。

2. 网页内容的搜索方式

进入百度：http://www.baidu.com。

(1) 通过分类目录搜索网页内容。

如图 6-19 所示，选取新闻、网页、百科等目录。

(2) 通过主题关键字搜索网页内容。

① 在搜索关键字输入框中输入相关查询文字，例如输入关键字“武汉学院信息系”，如图 6-20 所示。

② 单击搜索关键字输入框右侧的“百度一下”按钮，便开始进行搜索。

图 6-19　通过分类目录搜索网页内容

图 6-20　输入主题关键字“武汉学院信息系”

3. 使用百度搜索引擎查找所需的歌曲

① 在 IE 浏览器的地址栏中输入“http://www.baidu.com”，按下回车键或单击地址栏右侧的“转到”按钮，或打开 IE 浏览器的地址栏的下拉列表框，在列表框中单击已有的“http://www.baidu.com”项，或在 IE 浏览器窗口中的工具栏上，单击“收藏夹”按钮，在窗口左侧出现的“收藏夹”列表框中单击已收藏的“百度”网址，则会出现“百度”搜索引擎页面。

② 在“百度”搜索引擎页面中的搜索关键字输入框内，输入要查找的主题关键字，例如输入“同一首歌”，再单击“音乐”选项，如图 6-21 所示，再单击“百度一下”按钮。

③ 搜索结果的页面如图 6-22 所示。

图 6-21　输入主题关键字“同一首歌”

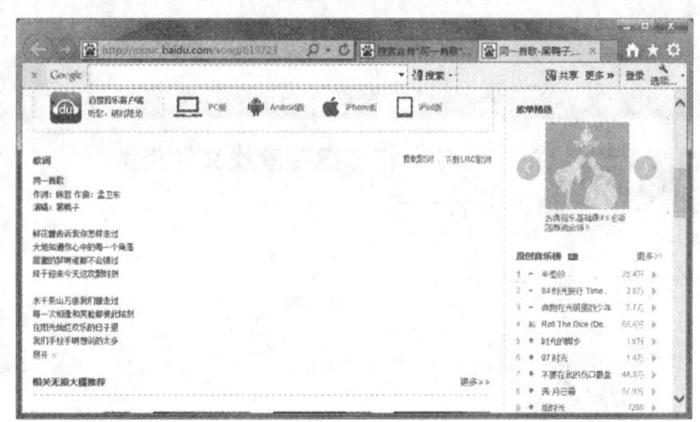

图 6-22　搜索“同一首歌”的结果页面

4. 使用“指定网域”缩小搜索范围的方式进行查找

若要在某个特定的域或站点中进行搜索，以缩小搜索范围，我们可以在相应的搜索关键字输入框中输入“site:xxxxx.com”。

① 使用上述操作中介绍的关于打开百度搜索引擎页面的方法，进入百度搜索引擎页面。

② 在搜索关键字输入框中输入“信息系 site:whxy.net”，如图 6-23 所示，即在指定的“武汉学院”网站中搜索有关“信息系”的内容信息。

③ 单击“百度一下”按钮，则产生相应的搜索结果页面，如图 6-24 所示。

另外，我们还可以同时使用“指定网域”和“指定查找文件类型”相结合的方法，进一步缩小范围查找出所需的内容。例如在百度的搜索关键字输入框中输入“信息系 filetype:

pdf site：whxy.net”，如图 6-25 所示，即在“武汉学院”网站中搜索有关“信息系”的 PDF 文档。搜索结果如图 6-26 所示。

图 6-23　输入“信息系 site:whxy.net”

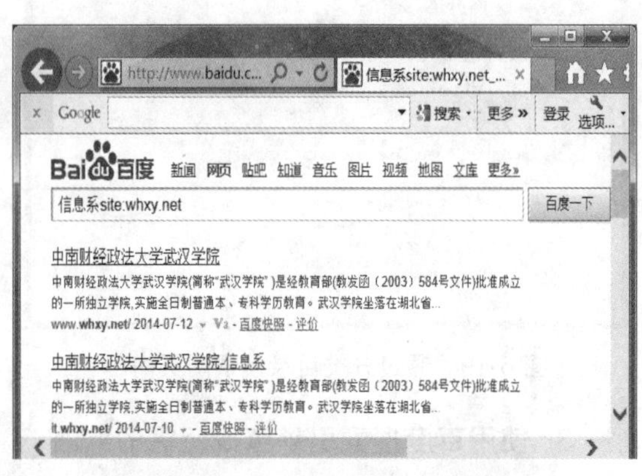

图 6-24　指定网域的搜索结果

图 6-25　“指定网域”和“指定查找文件类型”相结合的方法

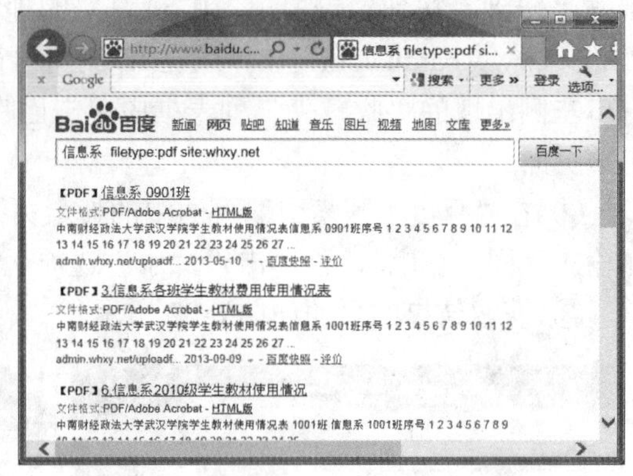

图 6-26　两种方法结合使用的搜索结果

实验 5　配置 TCP/IP 协议

一、实验目的

(1) 掌握 Windows 7 下 TCP/IP 协议的安装步骤。

(2) 学会 Windows 7 下配置 TCP/IP 协议的属性。

二、实验内容

1. 实验说明

TCP/IP(transmission control protocol /internet protocol，传输控制协议/互连网络协议)是 Internet 采用的一种网络互连标准协议，它规范了网络上的所有通信设备之间数据往来的格式以及传送方式。

对于要传输的信息，TCP 将其分割成若干个小的信息包，每个信息包标有送达地址和序号，而 IP 将这些包送到指定的远程计算机，当信息到达后又经 TCP 检查、接收和连接。可见，Internet 的信息传输是在 TCP/IP 控制下进行的。在工作过程中，TCP 和 IP 总是保持协调一致，以保证数据报的可靠传输。

TCP/IP 的重要作用不言而喻，在深入了解和使用 TCP/IP 之前，我们需要学会如何安装 TCP/IP 协议，并在其基础之上，学会配置 TCP/IP 协议的属性。

2. 实验虚拟

配置要求清单

IP 地址：222.20.145.19

子网掩码：255.255.255.0

默认网关：222.20.145.8

DNS 服务器：202.114.234.1　202.103.24.68

请按以上配置清单，基于 Windows 7 配置 TCP/IP 协议。

3. TCP/IP 协议的安装步骤

(1) 打开“控制面板”窗口，选择“网络和共享中心”，或者右击桌面上的“网络”图标，在弹出的快捷菜单中单击“属性”命令，进入“网络和共享中心”窗口，如图 6-27 所示。

(2) 单击左上角的“更改适配器设置”选项进入网络连接，如图 6-28 所示。

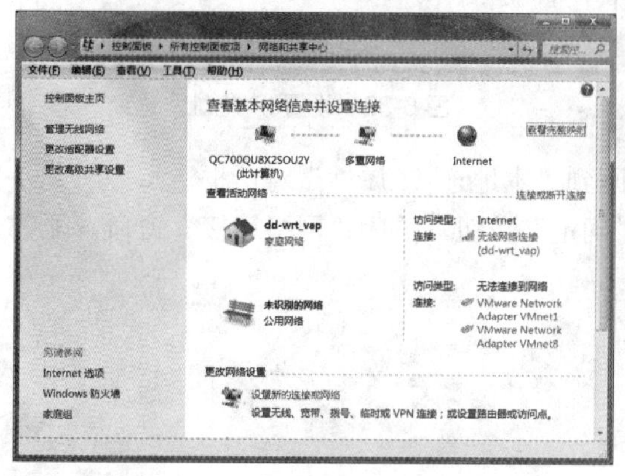

图 6-27　“网络和共享中心”窗口

图 6-28　进入网络连接

(3) 右击“本地连接”，在弹出的快捷菜单中单击“属性”命令，如图 6-29 所示，进入“本地连接 属性”对话框，如图 6-30 所示。

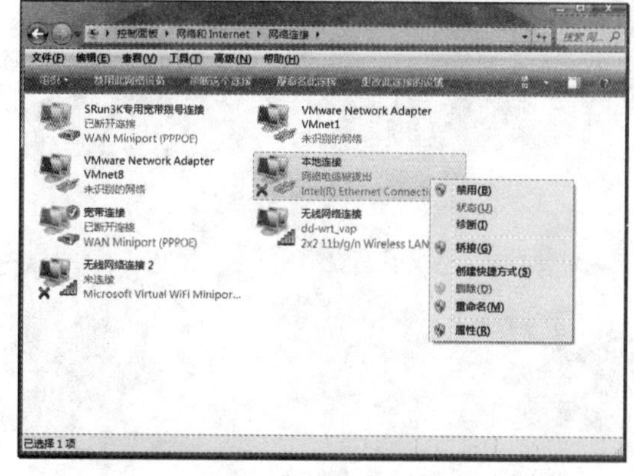

图 6-29　单击“本地连接”右键快捷菜单中的“属性”

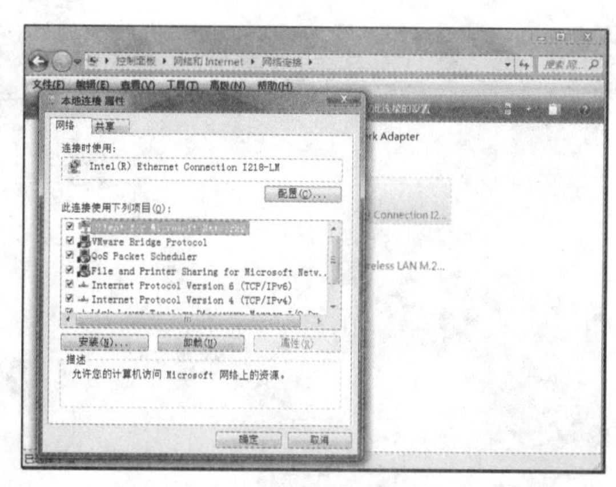

图 6-30　“本地连接 属性”对话框

(4) 在“本地连接 属性”对话框中，在“此连接使用下列项目”列表框中，选择进入“Internet protocol version 4(TCP/IP v4)”，即 Internet 协议版本 4，设置 IP 地址，如图 6-31 所示。

(5) 双击打开，如图 6-32 所示。系统默认设置是“自动获得 IP 地址”和“自动获得 DNS 服务器地址”，用户配置 IP 地址选择“使用下面的 IP 地址”以及“使用下面的 DNS 服务器地址”两项，然后按前面的配置要求清单输入。

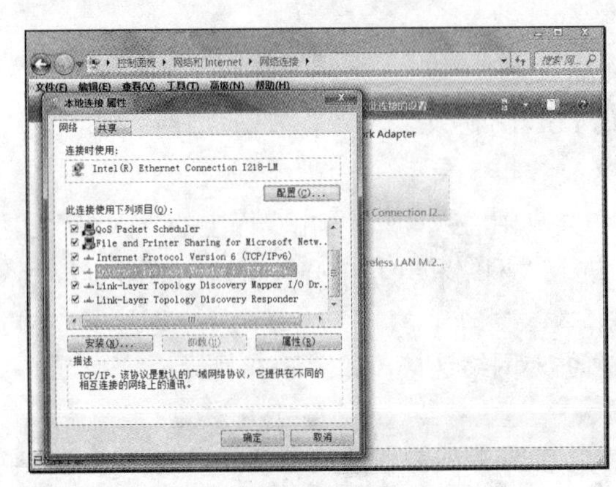

图 6-31　选择进入 TCP/IPv4

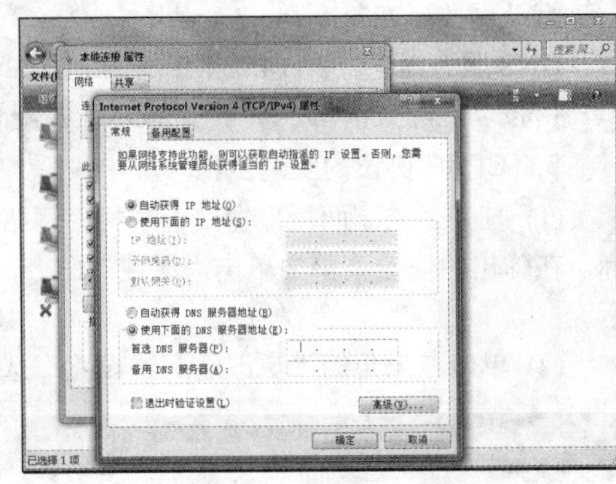

图 6-32　设置 IP 地址

(6) 输入完毕，单击“确定”按钮，则返回到“本地连接 属性”对话框。

(7) 单击“本地连接 属性”对话框中的“确定”按钮，关闭“网络连接”窗口，配置完成。

第7章 多媒体技术基础

7.1 本章主要内容

本章介绍多媒体技术的基础概念、多媒体计算机的系统组成以及相关信息处理技术，并介绍图像处理软件 Photoshop、音频创建软件 Cool Edit 以及视频创建软件 Windows Movie Maker 的基本操作。

20 世纪 60 年代以来，很多技术专家就致力于研究将文字、图形、图像、声音、视频作为新的信息输入到计算机，使计算机的应用更加丰富多彩。多媒体技术的出现，标志着信息时代一次新的革命，通过计算机对语音和图像进行实时的获取、传输及存储，使人们获取和交互信息流的渠道豁然开朗，既能听其声，又能见其人，虽千里之外，但仿佛近在咫尺，改变了人们的交互方式、生活方式和工作方式，从而对整个社会结构产生了重大影响。

7.2 多媒体技术

7.2.1 多媒体技术的特点

多媒体所涉及的技术极广，其主要特点如下。

1. 集成性

多媒体技术是多种媒体的有机集成，它集文字、文本、图形、图像、视频、语音等多种媒体信息于一体，像人的感官系统一样，从眼、耳、口、鼻、脸部表情、手势等多种信息渠道接收信息，并送入大脑，然后通过大脑综合分析、判断，去伪存真，从而获得全面、准确的信息。

目前，多种媒体还在进一步深入研究，如触觉、味觉、嗅觉的表现形式。多种媒体的集成是多媒体技术的一个重要特点，但要想完全像人一样从多种渠道获取信息，还有相当长的距离。

2. 协同性

每一种媒体都有其自身规律，各种媒体之间必须有机地配合才能协调一致。多种媒体之间以及时间、空间的协调符合人的自然交流方式，是多媒体技术的未来发展方向之一。

3. 交互性

所谓交互就是通过各种媒体信息，使参与的各方，不论是发送方还是接收方，都可以进行编辑、控制和传送。

4. 实时性

所谓实时就是在人的感官系统允许的情况下，进行多媒体交互，就好像面对面(face to face)一样，同时图像和声音都是连续的，因此，实时多媒体分布系统是把计算机的交互性、通信的分布性和电视的真实性有机地结合在一起的系统。

7.2.2 多媒体数据类型

1. 媒体的种类及性质

人类信息的交流实际上是从“声”“图”方式开始的，逐步抽象化，产生了“文”这一类信息媒体，但并没有排斥最基本的、来源于视觉和听觉等其他形式的媒体。这反映了人类信息表达过程中不同层次的需求。多媒体系统中包含多种媒体元素，典型例子有文字、图形、图像、音频等。

与传统的数据形式相比，多媒体数据具有以下特点。

1) 数据量巨大

传统的数值、文本类数据一般都采用编码加以表示，数据量并不是很大。但在多媒体环境下，有许多媒体形式的数据量是惊人的。例如：一幅640×480分辨率、256种颜色的彩色照片，存储量要0.3 MB；CD质量双声道的声音，达到每秒1.4 MB；动态视频就更大了，一般将达到每秒几十兆字节。即使经过压缩，数据量也仍然很大。这对于数据的处理、存储、传输都是个难题。

2) 数据类型繁多

媒体种类有图形、图像、声音、动态影像视频、文本、音乐等多种形式。即使同属于图像一类，也还可以分为黑白、彩色，高分辨率、低分辨率等多种规格。即使同一分辨率的彩色图像，还有JPEG格式和BMP格式等不同的格式。媒体的这种多样性，有些是媒体本身的差异所致，有些是由于处理这些媒体的技术历史上形成的。这样，无论在媒体的输入上，还是在媒体的表现上，尤其是多媒体综合上，都会出现一系列的问题。同时，媒体的种类还在随着系统的不断进步而继续增多。

3) 数据类型之间的差别大

这种差别首先体现在数据量上，有的媒体存储量很少，而有的媒体存储量却多得惊人。其次体现在内容上，不同媒体由于格式、内容的不同，相应的类型管理、处理方法及内容的解释方法等也就很不同，很难用同一种方法来统一处理这种差别。最后，这种类型的差别不仅仅体现在空间上，而且还体现在时间上，时基媒体(例如声音、动态影像视频)的引入，与原先建立在空间数据基础上的信息组织方法会有很大的不同。

2. 视觉媒体

中国的一句俗话“百闻不如一见”，形象地说明了视觉是人类最丰富的信息来源。从图像、图形、文字到可观察到的种种现象、形体动作，无不是通过视觉传递的。有些信息本不是属于视觉范畴的，但为了形象化，又往往把它转变为视觉形式，如声音的波形、温度曲线、虚拟图像等。

视觉媒体主要包括位图图像、矢量图形、动态图像等类型。

1) 位图图像

什么是图像？所谓图(picture)，是指用描绘或摄影等方法得到的外在景物的相似物；而所谓像(image)，则是指直接或间接(如拍摄)得到的人或物的视觉印象。一般地讲，凡是能为人类视觉系统所感知的信息形式或人们心目中的有形想象，统称为图像。所以，无论是图片、影像、一页书等都是图像。事实上，无论是图形，还是文字、影像视频等，最终都是以图像的形式出现的。但由于计算机中对它们的表示、处理、显示方法不同，一般又把它们看作不同的媒体形式。

(1) 位图图像的技术参数。

① 分辨率。分辨率会影响图像的质量，主要有两种形式，分别为屏幕分辨率和图像分辨率。

屏幕分辨率是指某一特定显示方式下，计算机屏幕上最大的显示区域，以水平和垂直的像素表示，例如640×480，是指计算机整个屏幕水平方向有640个像素，垂直方向有480个像素。

图像分辨率是指数字化图像的大小，以水平和垂直的像素表示。当图像大小(原始图)一定时，它代表了图像数字化的精度。图像分辨率与屏幕分辨率截然不同，例如，在640×480个像素的屏幕上，可以显示320×240个像素的图像，此时图像在水平和垂直方向各占半个屏幕。如果图像的尺寸大于屏幕分辨率，则只能显示一部分图像。

屏幕分辨率可由操作系统加以设置，选择合适的分辨率模式和同时显示的颜色数。图像分辨率可在图像编辑软件(如 Photoshop)中调整，降低图像分辨率(放大图像)可能会导致斜线边界出现阶梯效应(锯齿)。

② 图像的颜色数和图像深度。图像的颜色数是指一幅位图图像中最多能使用的颜色数。在黑白图像的情况下，就是灰度的等级数。

颜色数是由图像量化时，颜色值(或亮度值)由多少个计算机位(bit)来决定的，每个像素所占的量化位数称为图像深度。若每个像素只有一个颜色位，则只能区分0和1两种情况，分别代表亮或暗，这就是二值图像。若每个像素8位，则彩色图像的颜色数是2^8=256种或黑白图像的灰度级是256级。若每像素24位，则有2^{24}＝16 777 216种颜色，覆盖了人眼所能分辨的所有颜色，称为真彩色。

(2) 图像的采集、存储、处理和输出。

位图图像是由特殊的数字化设备，将光信号量化为数值，并按一定的格式组织而得到的。这些数字化设备常用的有扫描仪、图像采集卡、数码相机等。扫描仪对已有的照片、图片等进行扫描，将图像数字化为一组数据存储。图像采集卡可以对录像带、电视上的信号进行“视频捕捉”(capture)，对其中选定的帧进行捕获并数字化。

原始采集的图像一般还不能直接使用，要先经过图像预处理。主要的处理过程如下。

① 图像数据的压缩。由于图像的数据量很大，一般都要经过压缩后才进行存储和传输。在这个过程中，可能会对图像本身产生影响。如采用无损压缩，压缩比不会太高，而采用有损压缩，压缩率比较高但可能会对图像质量有影响，这就要选取一个合适的折中办法，根据应用的要求权衡。

② 图像优化。原始采集的图像可能效果不太好，不很清晰，甚至由于外界噪声影响产生杂色、杂斑等。图像的优化就是要根据图像的类型分别进行图像增强、噪声过滤、畸变校正、亮度调整、色度调整等，使图像满足表现的需要。但一幅好的图像的获得，不能完全依赖于图像的优化，更重要的是原始图像的效果。图像的优化，只能算是一种补救的措施。

③ 图像的编辑。要将图像转化为最终的可供表现用的图像，图像的编辑过程不可少。图像编辑包括图像剪裁、图像旋转、图像缩放、图像修改、图像组合叠加等。通过图像编辑，可以将原始图像中不足的地方去掉或修补，也可以将几幅图像综合成一幅，还可以把文字、图形等增加进图像中，成为图像的一个组成部分。

④ 图像的格式转换。格式转换存在于不同应用之间、不同软件之间和网络上不同用户机器之间。不同的来源导致图像格式的不同，为了能应用就必须进行转换。但转换不应对图像质量有很大的影响。

图像输出有多种方法，最常见的是在显示器上显示，通过打印机形成硬拷贝，或者输出到录像带中。

2) 矢量图形

图形(graphics)是一种抽象化的图像，是对图像依据某个标准进行分析而产生的结果。它不直接描述数据的每一点，而是描述产生这些点的过程和方法。因此，称之为矢量图形，更一般地称之为图形。

矢量图形是以一组指令的形式存在的。这些指令描述一幅图中所包含的直线、圆、弧线、矩形的大小和形状，也可以用更为复杂的形式表示图像中曲面、光照、材质等效果。在计算机上显示一幅图形时，首先要解释这些指令，然后将它们转变成屏幕上显示的形状和颜色。由于大多数情况下不用对图形上的每一点进行量化保存，所以需要的存储量很少，但这是以显示中的计算时间为代价的。图7-1所示就是一个图形的例子，图中的每一条线、面等都可以用图形命令来生成。

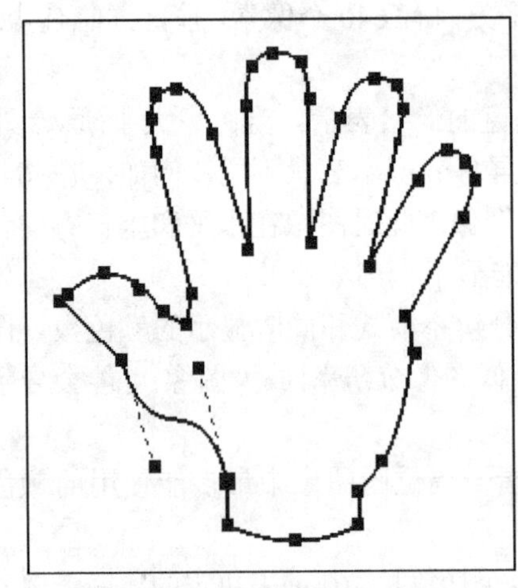

图 7-1　一个矢量图形的例子

从上面可以看出，图形与图像是两个不同的概念，应注意加以区别。

① 图形是矢量的概念，它的基本元素是图元，也就是图形指令。而图像是位图的概念，它的基本元素是像素；图像显得要更逼真些，而图形则更抽象些，仅有线、点、面等元素而已。

② 图形的显示过程是依照图元的顺序进行的，而图像的显示过程是按照位图中所安排的像素顺序进行的，如从上至下，或从下至上，与图像内容无关。

③ 图形可以进行变换而无失真，而图像变换则会发生失真。例如当图像放大时，斜线边界会产生阶梯效应，因为它只是简单地将元素进行了重复。

④ 图形能以图元为单位单独进行属性修改、编辑等操作，而图像则不行，因为在图像中并没有关于图像内容的独立单位，只能对像素进行处理。

⑤ 图形实际上是对图像的抽象，在处理与存储时均按图形的特定格式进行，但一旦上了屏幕，它就与图像无异了。这种抽象过程，会使原型图像信息丢失一些(可能对应用无用，也可能对应用有用)。换句话说，图形是更加抽象的图像。

总之，图形和图像各有优势，用途也各不相同，不能互相取代。

3) 动态图像

由于人眼的视觉惰性作用，在亮度信号消失后亮度感觉仍可以保持1/20～1/10秒的时间。人眼视觉的一个特性就是观察运动的分辨率有限，与人耳能听连续的声波不一样，一系列离散的独立画面在视觉惰性的作用下看起来就可能像连续的一样。这些独立的画面称为帧(frame)。动态图像就是根据这个特性产生的。产生视觉真实有两个要求：图像的复现速度必须足以保证帧与帧之间的动作过渡很平滑；从物理意义上看，任何动态图像都是由多幅连续的图像序列组成的。沿着时间，每一幅图像保持一个时间，顺序地在人眼感觉不到的速度(一般为每秒 25～30 帧)下更换另一幅图像，连续不断，就形成了运动图像的感觉。

(1) 动态图像的特点。

动态图像有以下特点。

① 动态图像具有时间连续性，故非常适合表示“过程”，易于交代事件的“始末”，具有更加丰富的信息内涵，具有更强、更生动、更自然的表现力。在实际应用中有比静态图像更广泛的范围，也更易于被人们接受。

② 正是由于动态图像的时间连续性，所以数据量更大，必须采用合适的压缩算法才能使之在计算机中使用。

③ 动态图像的帧与帧之间具有很强的相关性。据研究，相邻帧之间有 10%以下的像素有亮度变换，1%以下的像素有色度变换。相关性是动态图像连续动作形成的基础，也是进行压缩处理或进行其他处理的基本条件。

④ 动态图像对实时性要求高，必须在规定的时间内完成更换画面播放的过程。当计算机处理时，处理速度、显示速度和数据读取速度都要求达到实时性的要求。

动态图像序列根据每一帧图像的产生形式，分为不同的种类。当每一帧图像为实时获取的自然景物图像时，动态图像称为动态影像视频，简称视频；当每一帧图像是人工或计算机产生的图形时，动态图像称为动画；当每一帧图形为计算机产生的具有真实感的图像时，动态图像称为三维真实感动画。实际上，还有许多叫法，但总体来说都可归入视频和动画两大类，或者是它们混合的方式。

数字视频图像是多媒体的一个重要媒体，它是在彩电技术上发展起来的，电视是推动动态视频发展的最重要的力量。世界上不同的地区建立了不同的视频格式，传统的(模拟)电视系统的标准有 NTSC(National Television Systems Committee，美国国家电视系统委员会)、SECAM(Sequential Couleur Avec Memoire(法文)，顺序传送彩色与存储制)、PAL(Phase Alternating Line，相交替行)等多种。

计算机动画是用计算机生成一系列可供实时演播的连续画面，它把人们的视觉引向一些客观不存在的或做不到的东西，并从中得到享受。动画就是让物体活动起来，它包括了所有视觉效果上的改变。视觉效果多种多样，它可以是物体位置(运动状态)、形状、颜色、透明度、结构及纹理的变化，以及光照，镜头位置、方向及焦距的改变。计算机动画就是使用计算机作为工具来产生动画的技术。动画形式是多媒体系统的一个重要组成部分，尽管传统的(非计算机)动画已自成体系而且对计算机动画有着非常大的影响，但反过来看，传统动画制作的许多阶段又非常适合计算机参与。计算机在动画的制作过程中起着重要的不同的作用，表现在画面创建、着色、录制、特技剪辑、后期制作等各个环节。

(2) 动画的制作过程

① 输入过程：在用到计算机之前，先要将人工绘制的图案数字化。因为描述运动物体的特征位置的关键帧必须由人工绘制完成。这一过程可以使用光学扫描、数据板输入，或一开始就使用画图软件。

② 合成阶段：合成阶段使用图像合成技术加入图像的前景和背景，使用三维编辑技术生成三维立体形体，编辑这个对象，赋予材质或指定光源，将对象着色，生成最终使用的每一帧。如 3DS MAX 的三维放样和三维编辑。

③ 中间画面的生成：在关键帧之间自动插入一系列中间位置的中间帧合成。

3. 听觉媒体

多媒体技术的特点是交互式地综合处理声文图信息。在多媒体系统中，话音和音乐是不可缺少的，缺少音频的视频是很难接受的，即使是静态图像配以动听的背景音乐和解说，也将变得更加丰富多彩。

当某种东西使得空气分子振动起来，人们的耳朵中所感觉到的就是声音。例如，当闪电划过，空气迅速过热膨胀，空气分子就要扩散，到达耳朵中时，听到的就是雷声。讲话时声带的振动、小提琴弦的振动、电视机中扬声器盒的振动都会引起空气的振动，也就产生了声音，在声音中也就携带了某种信息。

凡是通过声音形式以听觉传递信息的媒体，都属于听觉媒体，它的范围比视觉媒体要小一些，按声音在计算机中表示的格式和处理的方法不同，主要有以下几类。

1) 波形声音

声音是由物体的振动产生的，这种振动有振动频率和振动幅度两个要素。计算机并不能直接使用连续的波形来表示声音，它是每隔固定的时间对波形的幅值进行采样，用得到的一系列数组量来表示声音。波形声音就是对自然界声音进行数字化采样并量化得到的结果。事实上，波形声音已经包含了所有的声音形式，任何一种声音都可以按波形声音加以处理。但在多媒体计算机中，有些声音有附加的规律和特性，可以用更简单的方法存储、处理和表现，所以才细分出其他种类的声音。

2) 语音

因为人的说话声音不仅是一种波形，而且还具有内在的语言、语音学内涵，可以经由特殊方法提取表现(如语音识别)，所以把它作为一种个别的听觉媒体。

3) 音乐

乐音和噪声的区别主要在于它们是否具有周期性。观察其时域波形，乐音的波形随时间做周期性变化，噪声则不然。在多媒体计算机中，电子音乐专指一类可以用符号表示、用合成方法发音的电子音乐——MIDI 音乐。

MIDI(musical instrument digital interface)是乐器数字接口，是数字音乐的一个国际标准。任何电子乐器，只要有处理 MIDI 消息的微处理器，并有合适的硬件接口，都可以称为一个 MIDI 设备。MIDI 消息，实际上就是乐谱的数字 0/1 描述。在这里，乐谱完全由音符序列、定时以及乐器定义组成。当一组 MIDI 消息通过音乐合成器芯片演奏时，合成器就会解释这些符号并产生音乐。很显然，MIDI 给出了另外一种得到音乐声音的方法。

定义和产生音乐的 MIDI 消息和数据存放在 MIDI 文件中，每个 MIDI 文件最多可存放 16 个音乐通道的信息。音序器捕获 MIDI 消息并将其存入文件中，而合成器则依据要求将声音按所要求的音色、音调等合成出来。

4. 真实感声音

由计算机生成的、具有空间特性的三维真实感声音，这种声音听起来虽然类似自然界声音，但存储、处理和发声的方法与波形声音完全不同。对真实感声音模拟的研究，比起三维真实感图形的研究还显得很不成熟。但计算机合成语音的技术一直是研究的热点。

按音频信号所覆盖的带宽，声音可以划分为以下几类质量不同的类别：电话、调幅广播、调频广播及激光唱片(HiFi 音频)四种。

7.2.3 典型的多媒体硬件设备

多媒体应用系统的开发涉及多种媒体的采集、压缩、存储和方法，这些必须借助相应的硬件完成。下面简单介绍现阶段多媒体开发的典型硬件设备。

1. 光存储设备

光存储技术的产品化形式是由光盘驱动器和光盘片组成的光盘驱动系统。驱动器读写头是用半导体激光器和光路系统组成的光头，记录介质采用磁光材料。光存储技术是通过光学的方法读写数据的一种存储技术，其工作原理是改变一个存储单元的性质，使其性质的变化反映出被存储的数据，识别这种性质的变化，就可以读出存储数据。光存储单元的性质，例如反射率、反射光极化方向等均可以改变，它们对应于存储二进制数据 0(不变)、1(改变)，光电检测器能够通过检测出光强和光极性的变化来识别信息。

高能量激光束可以聚焦成约 1 微米的光斑，因此光存储技术比其他存储技术具有更高的容量，其单位面积的记录密度可达到每平方毫米 700 KB，而且进一步提高的潜力尚大，是目前使用的所有数据存储介质中记录密度最高的。

作为一种广泛应用的信息存储设备，光盘系统有如下特点：

(1) 与硬盘相比，具有可拆卸性，容量相当，驱动器和盘片都较便宜，读写速度慢；

(2) 与磁带相比，具有容量大、随机存取性强的优点；

(3) 激光头与介质无接触，不受环境影响而退磁，信息保存时间长，可达 30 年以上。

与光盘系统有关的技术指标包括容量、平均存取时间、数据传输率、接口标准及格式规范等。

1) CD-ROM、CD-R 和 CD-RW

(1) 只读式光盘存储器 CD-ROM。

CD 盘上的数据组织方式要有一定的国际标准，一张符合标准的 CD-ROM 光盘可以在任何 CD-ROM 光盘驱动器中读出。可以说，CD-ROM 光盘(以及其他任何商品化的多媒体产品)能够推广的重要原因就是标准化。CD-ROM 是发行多媒体节目的优选载体，原因是它的存储容量大，制造成本低。

CD-ROM 光盘直径约 12 cm，其工作特点是采用激光调制方式记录信息，将信息以凹坑(pits)和凸区(lands)的形式记录在螺旋形光道上。光盘是由母盘压模制成的，一旦复制成形，永久不变，用户只能读出信息。

CD-ROM 光盘的数据通过 CD-ROM 光盘驱动器读出，光盘驱动器的数据传送速率分为单速、双倍速、四倍速等，单倍速率为 150 KBps。但要注意，CD-ROM 驱动器的实际工作速度不仅取决于驱动器速度，还与 CD-ROM 标准、操作软件及光盘质量都有关。

(2) 一次写光盘存储器 CD-R。

CD-R 是英文 CD recordable 的简称，中文简称刻录机。CD-R 的另一英文名称是 CD-WO(write once)，顾名思义，就是只允许写一次，写完以后，记录在 CD-R 盘上的信息无法被改写，但可以像 CD-ROM 盘片一样，在 CD-ROM 驱动器和 CD-R 驱动器上被反复地读取多次。

CD-R 盘与 CD-ROM 盘相比有许多共同之处，它们的主要差别在于 CD-R 盘上增加了一层有机染料作为记录层，反射层用金，而不是 CD-ROM 中的铝。当写入激光束聚焦到记录层上时，染料被加热后烧熔，形成一系列代表信息的凹坑。这些凹坑与 CD-ROM 盘上的凹坑类似，但 CD-ROM 盘上的凹坑是用金属压模压出的。

(3) 可擦写光盘存储器 CD-RW。

所谓 CD-RW，是为 CD-rewritable 的缩写，一种可以重复写入的技术，而将这种技术应用在光盘刻录机上的产品即称为 CD-RW，也称为 CD-RW 光盘。

2) DVD

DVD 的全称，在诞生之初是 digital video disk(数字视频光盘)，它利用 MPEG2 的压缩技术来储存影像。也有人称 DVD 是 digital versatile disk，即数字多用途的光盘，因为它不仅在音/视频领域内得到了广泛应用，而且还应用在出版、广播、通信、WWW 等领域。DVD 集计算机技术、光学记录技术和影视技术等为一体，满足了对大存储容量、高性能存储媒体的需求。

(1) DVD 的特点。

① 大容量和快速读取。大多 DVD 与一般 CD 的大小相同，直径约 12 cm(也有 8 cm 的)，由两个厚度各为 0.6 mm 的基质层粘贴而成，采用多面多层的技术，即每一面光盘可以储存双层信息，一张光盘最多可有四面的储存空间，DVD 利用聚焦更集中的红光激光提高了每单位面积的储存密度，因此可说其储存空间是空前的大。此外，利用波长较短的激光和较密集的信息坑制作，可以使单层 DVD 的最大读取率达 11.08 Mbit/sec，相当于 80 倍速的光盘机。

② 高分辨率的视频。采用 MPEG2 标准影像压缩技术的 DVD，其分辨率可达 720×480，远超过 VCD 的 352×240。MPEG2 具有可弹性调整视频读取率的能力，因此可以在保持原画面品质的情况下，大量节省信息的储存空间。此外，DVD Player 内建的 Letterbox 和 Pan and Scan 的显示模式还可调整 16:9 或 4:3 电视的画面宽高比例。

③ 高传真的音质。DVD 可利用更精确的取样精度转换类比信息，并且将传统的双声道扩充至 5.1 声道，让人们真正进入多声道的世界。

④ 解码技术。为了有效地对抗盗版活动，现在的 DVD 加密防拷贝技术主要分成“数码加密”和“类比加密”两部分。

(2) DVD 的种类。

DVD 按照存储容量可以分成以下 4 种。

① DVD-5(D5)：这个格式是指单面单层之 DVD 碟，涂料为银色(采用的物料为铝)，总容量达 4.7 GB，略多于两小时之 DVD Video 播放长度。

② DVD-9(D9)：这个格式是指单面双层之 DVD 碟，利用轨与轨之间的空间来阅读第二层的资料。由于第一层之涂料为半透明(因为要方便激光可穿越其涂层来读取第二层的资料)、金色(采用之物料为金)，而第二层之涂料为银色，所以双层 DVD 的颜色呈现金色。总容量达 8.5 GB，大约为四小时之 DVD Video 播放长度。

③ DVD-10(D10)：这个格式是指双面单层之 DVD 碟，是由两面，每面厚 0.6 mm 的单层 DVD 组成的，总容量达 9.4 GB，大约为四个半小时之 DVD Video 播放长度。

④ DVD-18(D18)：这个格式是指双面双层之 DVD 碟，总容量达 17 GB，约八小时之 DVD Video 播放长度。

2. 音频卡

音频卡也称声卡，是多媒体插放声音和音乐的不可缺少的配置。声卡的品种和档次都较多，在多媒体制作中，一般中档声卡即可。选择时主要考虑如下几项性能指标。

1) 与标准的兼容性

目前流行两种标准：一是 Creative Labs 公司的 Sound B1aster 标准(声霸卡标准)。另一种是 Adlib 标准。购买的声卡一定要与声霸卡标准兼容，若能同时与两种标准兼容则更好。

2) 音频指标

中高档声卡应有 CD 唱片的音质。CD 音质是指录音采样频率达到 44.1 kHz，16 位记录声音，即 16 位声卡。低档卡为 8 位声卡，效果只能达到调频电台音质。若仅处理语言，可选购低档声卡。

3) MIDI 播放功能

MIDI 是电子合成乐器的国际标准，命名为乐器数字接口。MIDI 标准的推出，开拓出用电子键盘和计算机直接输入和处理音乐的新途径，且所生成的 MIDI 文件占的空间小，所以多媒体技术要求所有的声卡支持 MIDI 标准。对于声卡，不仅要看有无 MIDI 合成器，还要看是什么类型的合成器，即采用哪种合成方法。若声卡采用 FM 合成器，声音效果与家用电子琴相仿，是 MIDI 的低档产品；若采用一种称为“波形表”的合成技术，则为高档产品，因为此时计算机的声卡不是模仿各种乐器的声音，而是在波形表中找到它所需要的乐器，再根据乐谱去“演奏”乐器。波形表是一个实际录音选择表，它是将各种乐器的真实声音录制下来存入声卡自带的 ROM 芯片中，构成波形表，供演奏时读取。

4) 与主机的连接方式

声卡与主机的连接有两种方式，一种是直接插在主机板插槽上，另一种是插在主机并口上。多数声卡属于前者，后者主要用于笔记本电脑。

5) 随卡软件

随声卡带的软件至少应有录音软件，WAV、CD 及 MIDI 播放软件，混合器，WAV 文件编辑器，MIDI 五线谱编辑器等。高档音频卡还应配特殊效果播放器、文字阅读软件及语音识别软件等。

3. 视频卡

视频卡产品包括视频捕捉卡和电视信号转换卡。

视频捕捉卡又称视频采集卡，它将模拟信号捕捉下来，以文件的形式存储在计算机中。视频捕捉卡可分为静态图像采集卡(帧采集卡)和动态图像捕捉卡。静态图像采集卡与摄像机相连接时，从主机显示屏上可看到镜头中的图像，只要用鼠标单击屏幕上的按钮，即可将摄录的照片存入计算机。动态捕捉卡又称视频实时捕捉卡，它可接电视机或录像机，将主机显示屏看到的影像捕捉下来，记录并存储到硬盘上。视频捕捉卡是通过压缩和解压缩方法捕捉存储和还原图像的，所以视频压缩是视频技术的关键。

电视信号转换卡(电视接收卡)的作用是跟计算机显示器或计算机主机及显示器连接，构成了一台全频道、全制式彩色电视机的所有功能的计算机，可以收看和存储电视节目。

4. 扫描仪

扫描仪是一种可将静态图像输入到计算机里的图像采集设备。其内部具有一套光电转换系统，可以把各种图片信息转换成计算机图像数据，并传送给计算机，再由计算机进行图像处理、编辑、存储、打印输出或传送给其他设备。

1) 扫描仪的性能指标

扫描仪的主要性能指标如下。

(1) 分辨率。以每英寸扫描像素点数(dpi)表示，分辨率越高，则图像越清晰。目前扫描仪分辨率在 300 dpi 到 1200 dpi 之间。

(2) 灰度。灰度是指图像亮度层次范围。级数越多，图像越丰富，目前扫描仪可达 256 级灰度。

(3) 色彩度。色彩度是指彩色扫描仪支持的色彩范围，用像素的数据位表示。例如，经常提到的真彩色是指每个像素以 24 位表示，可以产生超过 16M 种颜色。

(4) 速度。速度是指在指定的分辨率和图像尺寸下的扫描时间。

(5) 幅面。扫描仪支持的幅面大小，如 A4、A3、A2 和 A1 等。

台式扫描仪用途广、功能强、种类多，是扫描仪的代表性产品。该类扫描仪以 A3 和 A4 幅面为主，分辨率通常为 1200 dpi，彩色位数一般为 24 位。扫描速度快、精度高。有些台式扫描仪还可加上透明胶片适配器，使其既可以扫反射稿，又可以扫透明胶片，实现一机两用。台式扫描仪可广泛应用于各类图形图像处理、电子出版、广告制作等领域。

2) 图像扫描过程

把一幅图像扫描入计算机，要经过以下六个步骤。

(1) 扫描仪的光源发出的均匀光线照到图像表面。

(2) 经过模数(A/D)转换，通过电荷耦合器件(CCD)把当前“扫描线”的图像反射的光信号转换成电信号。

(3) 步进电机驱动扫描头移动，读取下一次图像数据。

(4) 经过扫描仪 CPU 处理后，图像数据暂存在缓冲器中，为输入计算机做好准备工作。

(5) 按照先后顺序把图像数据传输至计算机并存储起来。

(6) 使用适当软件重新处理图像数据，使之再现至计算机屏幕上。图像处理软件种类很多，其中以 Photoshop 最为流行。

5. 数码相机和数码摄像机

所谓数码相机，是一种能够进行拍摄，并通过内部处理把拍摄到的景物转换成以数字格式存放的图像的特殊照相机。与普通相机不同，数码相机并不使用胶片，而是使用固定的或者是可拆卸的半导体存储器来保存获取的图像。数码相机可以直接连接到计算机、电视机或者打印机上。

1998 年，全球 50 多家影像处理的相关企业联合开发出新的 DV(digital video 的缩写)格式的数码摄像机。数码摄像机记录视频不是采用模拟信号，而是采用数字信号的方式。简单来说，就是将光信号通过 CCD 转换成电信号，再经过模拟数字转换，以数字格式将信号存储在数码摄像带、刻录光盘或者存储卡上。

数码相机是由光学镜头、CCD(电荷耦合器件)、A/D(模/数转换器)、MPU(微处理器)、内置存储器、LCD(液晶显示器)、PC 卡(可移动存储器)和接口(计算机接口、电视机接口)等部分组成，通常它们都安装在数码相机的内部，当然也有一些数码相机的液晶显示器与相机机身分离。

当按下快门时，镜头将光线会聚到感光器件 CCD(电荷耦合器件)上，CCD 是半导体器件，它代替了普通相机中的胶卷，它的功能是把光信号转变为电信号。这样，就得到了对应于拍摄景物的电子图像，但是它还不能马上被送去计算机处理，还需要按照计算机的要求进行从模拟信号到数字信号的转换，ADC(模数转换器)器件用来执行这项工作。接下来，MPU(微处理器)对数字信号进行压缩并转化为特定的图像格式，例如 JPEG 格式。最后，图像文件被存储在内置存储器中。至此，数码相机的主要工作已经完成，剩下要做的是通过

LCD(液晶显示器)查看拍摄到的照片，可以删除不需要的照片。大部分数码相机为扩大存储容量而使用可移动存储器。此外，还提供了连接到计算机和电视机的接口。

7.3 超文本与超媒体简介

7.3.1 超文本与超媒体的概念

超文本技术是一种按信息之间的关系非线性地存储、组织、管理和浏览信息的计算机技术。超文本技术将自然语言文本和计算机交互式地转移或动态显示线性文本的能力结合在一起，它的本质和基本特征就是在文档内部相关文档之间建立关系，正是这种关系给了文本以非线性的组织。

超媒体这个词是从超文本衍生而来的。从超媒体，读者很容易联想到多媒体，这种联想是有道理的。因为超媒体与多媒体之间有着不可分割的密切关系。

用超文本技术管理多媒体信息就叫作超媒体。简单地说，超媒体＝超文本十多媒体。

7.3.2 HTML 超文本标记语言

1. HTML 简介

凡在 Internet 的 WWW 上漫游过的人，莫不被那许多制作精美、界面友好的网页所吸引。这些网页使用超文本技术，是用 HTML(hyper text markup language)语言编写的。严格地说，超文本标识语言 HTML 并不是像 C++、C 一样的编程语言，也不像 Word、WPS 等排版系统，它是一种描述型语言。它的独特之处在于链接功能。

2. HTML 的结构

HTML 文件是标准的 ASCII 文件，它看起来像是加入了许多被称为链接标签(tag)的特殊字符串的普遍文本文件。

从结构上讲，HTML 文件由元素(element)组成，组成 HTML 文件的元素有许多种，用于组织文件的内容和指导文件的输出格式。绝大多数这种元素是“容器”，即它有起始标记和结尾标记。元素的起始标记叫作起始链接标签(start tag)，元素结束标记叫作结尾链接标签(end tag)，在起始链接标签和结尾链接标签中间的部分是元素体。每一个元素都有名称和可选择的属性，元素的名称和属性都在起始链接标签内标明。比如体元素(body)：

```
<body background＝"background.gif">
    <h2> demo</h2>
    This is my first html file.<p>
</body>
```

第一行是体元素的起始链接标签，它标明体元素从此开始。因为所有的链接标签都具有相同的结构，所以这里将仔细分析这个链接标签的各个部分，以便读者对链接标签的写法有一个大概的了解。

起始链接标签从“<”开始，紧接着是元素名称“body”，由于元素和链接标签一一对应，所以元素名也叫链接标签名。

需要注意的是，“<”和 body 之间不能有空格。元素名称不分大小写。

background 是属性名。一个元素可以有多个属性，属性及其属性值不分大小写。本例的属性指明用什么方法来填充背景。

"＝"指明属性值。

"background.gif"是属性值，表示用 background.gif 文件来填充背景。

属性名、"＝"、属性值三者合起来构成一个完整的属性，一个元素可以有多个属性，各个属性用空格分开。

">"起始链接标签结束。

第二行和第三行是 body 元素的元素体，最后一行是 body 元素的结尾链接标签。结尾链接标签用"</"开始，随后是元素名，然后是大于号">"。

从上面的例子中可以看出，一个元素的元素体中可以有另外的元素(如上例中第二行的标题元素<h2>…</h2>和第三行的分段元素<p>)。实际上，HTML 文件仅由一个 HTML 元素组成，即文件以<html>开始，以</html>结尾，文件中的部分都是 HTML 的元素体。HTML 元素的元素体由两大部分，即头元素<head>…</head>和体元素<body>…</body>和一些注释组成。头元素和体元素的元素体又由其他的元素和文本及注释组成。也就是说，一个 HTML 文件应具有下面的结构：

```
<html>      ; HTML 文件开始
<head>      ; 文件头开始
文件头
</head>     ; 文件头结束
<body>      ; 文件体开始
文件体
</body>     ; 文件体结束
</html>     ; HTML 文件结束
```

需要说明的是，HTML 是一门发展很快的语言，早期的 HTML 文件并没有如此严格的结构，因而现在流行的浏览器为保持对早期 HTML 文件的兼容性，也支持不按上述结构编写的 HTML 文件。还需要说明的是，各种浏览器对 HTML 元素及其属性的解释也不完全一样。

一般来讲，HTML 的元素有下列三种表示方法：

(1) <元素名>文件或超文本</元素名>；

(2) <元素名　属性名＝"属性值">文本或超文本</元素名>；

(3) <元素名>。

第三种写法仅用于一些特殊的元素，比如分段元素 P，它仅仅通知 WWW 浏览器在此处分段，因而不需要界定作用范围，所以它没有结尾链接标签。

7.4 虚拟现实技术简介

7.4.1 虚拟现实技术的概念

虚拟现实技术(virtual reality，VR)是 20 世纪末才兴起的一门崭新的综合性信息技术，它融合了数字图像处理、计算机图形学、多媒体技术、传感器技术等多个信息技术分支，从而大大推进了计算机技术的发展。由于它生成的视觉和听觉环境是立体三维的，人机交互是和谐友好的，因此虚拟现实技术将一改人与计算机之间枯燥、生硬和被动的现状。

虚拟现实技术具有“3I”特点：强烈的“身临其境”沉浸感；友好亲切的人机交互性；发人想象的刺激性。

虚拟现实技术分虚拟实景(境)技术(如虚拟游览故宫博物院)与虚拟虚景(境)技术(如虚拟现实环境生成、虚拟设计的波音777飞机等)两大类。虚拟现实技术的应用领域非常广泛，如战场环境，作战指挥模拟，飞机、船舶、车辆驾驶训练，如图7-2所示，飞机、导弹、轮船与轿车的制造(含系统的虚拟设计)，建筑物的展示与参观，医疗手术、教育培训，游戏，影视艺术，等等。

图7-2　汽车驾驶模拟装置

虚拟现实的概念包括了以下含义。

(1) “模拟环境”就是由计算机生成的具有双视点的、实时动态的三维立体逼真图像，逼真就是要达到三维视觉，甚至包括三维听觉、触觉及嗅觉等的逼真；而模拟环境可以是某一特定现实世界的真实实现，也可以是虚拟构想的世界。

(2) “感知”是指理想的虚拟现实技术应该具备人类的一切感知，除了计算机图形技术所生成的具有视觉感知以外，还有听觉、触觉、力觉、运动等感知，甚至还包括嗅觉和味觉等，也称为多感知(multi-sensation)。由于受到传感器技术的限制，目前所具有的感知功能仅限于视觉、听觉、触觉、力觉、运动等，嗅觉方面也已有了新的进展，但无论从感知的范围和精确程度都无法与人相比。

(3) “自然技能”指的是人的头部转动、眼睛、手势或其他人体的行为动作。虚拟现实应该能够实现由计算机处理参与者动作的数据，并对用户的输入(手势、口头命令等)做出实时响应，并分别反馈到用户的感官，使参与者有身临其境的感觉，并成为该模拟环境中的内部参与者，还可与在该环境中的其他参与者互动。

(4) “传感设备”是指三维交互设备，常用的有立体头盔、数据手套、三维鼠标、数据衣等穿戴于用户身上的装置和设置于现实环境中的传感装置(不直接戴在身上)，如摄像机、控制器、地板压力传感器等。

虚拟现实的技术实质在于提供了一种高级的人与计算机交互的接口。

VR具有三个最突出的特征，也是人们常称的VR的三“I”特征，三个特征包括交互性(interaction)、构想性(imagination)和沉浸感(immersion)。

交互性主要是指参与者通过使用专用设备，用人类的自然技能实现对模拟环境的考察与操作，例如用户可以用手去直接抓取模拟环境中的物体，而且用户有抓取东西的感觉，还可感觉到物体的重量(其实这时手里没有实物)，视场中被抓起的物体也应立刻随着手的移动而移动。

构想性是指VR依赖于人类的想象力和创造性，它的应用能解决在工程、医学、军事等方面的一些问题。

沉浸感是VR的最主要的技术特征。VR的追求目标是力图使用户在计算机所创建的三维虚拟环境中处于一种“全身心投入”的感觉状态，有身临其境的感觉，即所谓“沉浸感”。用户觉得自己是虚拟环境中的一个部分，而不是旁观者。

7.4.2 虚拟现实建模语言 VRML

VRML 是虚拟现实建模语言(virtual reality modeling language)的英文缩写，用于描述基于全球互联网有多个参与者的交互虚拟环境。虚拟现实的物体模型、显示、交互和互联等都可以用 VRML 来定义。VRML 是 HTML 的扩展，比 HTML 有更好的网络连接，且具有与设备无关、可扩展以及能在低带宽连接下工作等特点。

7.5 流媒体技术简介

流式传输的媒体称为流媒体，又称流式媒体(stream media)。流媒体并不是单一的技术，它是融合了网络技术之后所产生的技术。它涉及流媒体数据的采集、压缩、存储、传输以及网络通信等多项技术。

7.5.1 流媒体技术原理

如果以传统的下载方式下载一部 VCD 格式的影片，大小约为 650 MB，用宽带下载也需要下载 3 个多小时。如果影片采用流媒体技术进行压缩，大小约为 100 MB，并且用户可以边看边下载，整个下载的过程都在后台运行，不会占用本地的硬盘空间。

流式传输的过程一般如下。

用户选择某一流媒体服务后，Web 浏览器与 Web 服务器之间交换控制信息，以便把需要传输的实时数据从原始信息中检索出来；然后客户机上的 Web 浏览器启动流媒体播放器(如 Media Player、RealOne Player 等)，利用检索的相关参数对流媒体播放器初始化。这些参数可能包括视频/音频的目录信息、视频/音频数据的编码类型或服务器地址。

服务器和客户机上的流媒体播放器交换视频/音频传输所需的控制信息。这些控制信息提供了操纵流媒体播放、快进、快退、暂停及录制等命令的方法。

流媒体服务器将视频/音频流数据传输给流媒体播放器，一旦数据抵达客户端，流媒体播放器即可播放输出。

实现流式传输一般都需要专用服务器和播放器，其基本原理如图 7-3 所示。

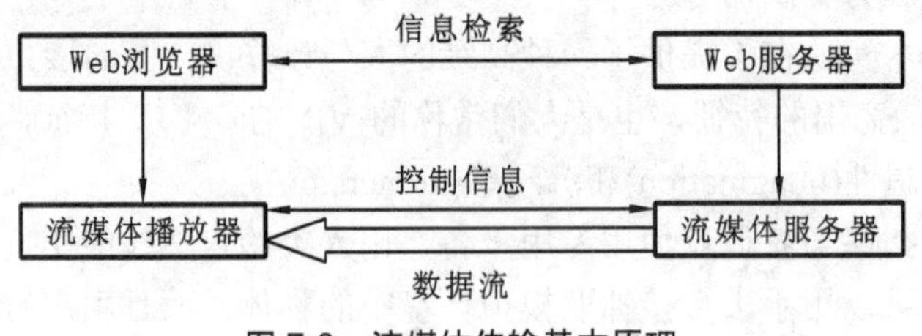

图 7-3 流媒体传输基本原理

7.5.2 流式文件格式

流式文件格式经过特殊编码，使其适合在网络上边下载边播放，而不是等到下载完整个文件才能播放。也可以在网上以流的方式播放标准媒体文件，但效率不高。将压缩媒体文件编码成流式文件，必须加入一些附加信息，如计时、压缩和版权信息。流式文件编码过程如图 7-4 所示。常用的流式文件类型如表 7-1 所示。

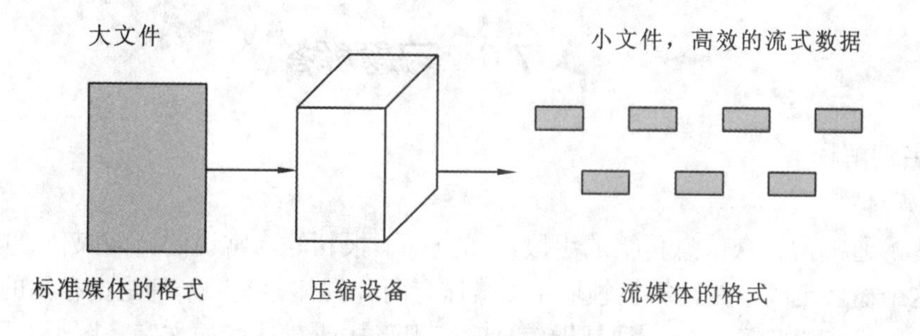

图 7-4　流式文件编码过程

表 7-1　常用的流式文件类型

文件格式扩展 (video/audio)	媒体类型与名称
ASF	Advanced Streaming Format (Microsoft)
RM	Real Video/Audio 文件 (Progressive Networks)
RA	Real Audio 文件 (Progressive Networks)
RP	Real Pix 文件 (Progressive Networks)
RT	Real Text 文件 (Progressive Networks)
SWF	Shock Wave Flash(Macromedia)

7.5.3　媒体发布格式

流媒体发布的格式不是压缩格式，也不是网络传输协议，其本身并不描述视听数据，也不提供编码方法。媒体发布格式是安排视听数据的唯一途径，仅需要知道数据类型和安排方式。

实际视听数据可位于多个文件中，而由媒体发布文件包含的信息控制流的播放。常用媒体发布格式如表 7-2 所示。

表 7-2　常用媒体发布格式

媒体发布格式扩展	媒体类型和名称
ASF	Advanced Streaming Format
SMIL	Synchronized Multimedia Integration Language
RAM	RAM File
RPM	Embedded RAM File
ASX	ASF Stream Redirector
XML	eXtensible Markup Language

7.6 习题解答

1. 名词解释

(1) 媒体：

媒体，通常指大众信息传播的手段，如电视、报刊等，常说的新闻媒体、电视媒体等就属于这个概念范畴。在计算机领域中，媒体有两种具体含义：一种是指存储的物理实体，如磁盘、磁带、光盘等；另一种是指信息的表现形式或载体，如文字、图形、图像、声音和视频等。多媒体技术中的媒体通常是指后者。

(2) 多媒体：

多媒体是文字、图形、图像、声音和动画等各种媒体的有机组合。通常情况下，多媒体并不仅仅指多媒体本身，而主要是指处理和应用它的一套技术。因此，多媒体实际上常被看作多媒体技术的同义词。

(3) 多媒体技术：

多媒体技术是指利用计算机技术把多媒体信息综合一体化，使它们建立起逻辑联系，并能进行加工处理的技术。对信息的加工处理主要是指对这些媒体的录入、对信息的压缩和解压缩、存储、显示、传输等。显然，多媒体技术是一种基于计算机的综合技术，包括数字化信息的处理技术、音频和视频技术、计算机硬件和软件技术、人工智能和模式识别技术、通信和图像处理技术等，因而是一门跨学科的综合技术。

(4) 数字化：

数字化是指各种媒体的信息都是以数字的形式进行存储和处理的，而不是传统的模拟信号方式。数字化给多媒体带来的好处是：数字不仅易于进行加密、压缩等数值运算，还可提高信息的安全性与处理速度，而且抗干扰能力强。

(5) 集成性：

集成性主要是指将媒体信息以及处理这些媒体的设备和软件集成在同一个系统中。媒体集成包括统一捕捉、统一存储等方面；设备集成是指计算机能和数码照相机、扫描仪、打印机等各种输入/输出设备联合工作；软件集成是指集成一体的多媒体操作系统、创作工具以及各类应用软件。

(6) 多样性：

多样性不仅指信息表现媒体类型的多样性，同时也指媒体输入、传播、再现和展示手段的多样性。多媒体计算机将图像和声音等信息纳入计算机所能处理和控制的媒体之中，较之只能产生和处理文字、图形及动画的传统计算机，显然来得更生动、更活泼、更自然。这种表现形式和方法已在电影、电视的制作过程中采用，今后在多媒体的应用中也会愈来愈多地使用。

(7) 交互性：

多媒体技术的关键特性是交互性。它向用户提供更加有效的控制和使用信息的手段和方法，同时也为计算机应用开辟了更加广阔的领域。随着多媒体技术的飞速发展，信息的输入/输出由单一媒体转变为多媒体，人与计算机之间的交互手段多样化，除键盘、鼠标等传统输入手段外，还可通过语音识别、触摸屏输入等。而信息的输出也多样化了，既可以以文本形式显示，又可以以声音、图像、视频等形式出现。随着多媒体技术和计算机智能研究的发展，人机之间的交互将更加智能、和谐、自然。

(8) 文本：

文本是计算机中最基本的信息表示方式，包含字母、数字与各种专用符号。多媒体系统除了利用字处理软件实现文本输入、存储、编辑、格式化与输出等功能外，还可应用人工智能技术对文本进行识别、翻译与发音等。

(9) 图形：

图形一般是指通过绘图软件绘制的由直线、圆、圆弧、任意曲线等组成的画面，图形文件中存放的是描述生成图形的指令(图形的大小、形状及位置等)，一般是用图形编辑器或者由程序产生，以矢量图形文件形式存储。

(10) 图像：

图像有两种来源：扫描静态图像和合成静态图像。前者是通过扫描仪、数码照相机等输入设备捕捉的真实场景的画面；后者是通过程序、屏幕截取等方式生成的。数字化后的文件以位图形式存储。图像可以用图像处理软件(如 Photoshop)等进行编辑和处理。

2. 填空题

(1) 多媒体技术的关键特性是 ________。

→交互性

(2) 集成性主要是指将媒体信息以及________集成在同一个系统中。

→处理这些媒体的设备和软件

(3) 多媒体实际上常被看作________的同义词。

→多媒体技术

(4) 为了提高计算机处理多媒体信息的能力，应该尽可能地采取：________。

→多媒体信息器

(5) 加速显示卡(accelerated graphics port，AGP)主要完成 ________的流畅输出。

→视频

(6) 一幅 640×480 分辨率的 24 位真彩色图像的数据量约为________。

→900 KB

(7) 静态图像是计算机多媒体创作中的基本视觉元素之一，根据它在计算机中生成的原理不同，可以将其分为________和矢量图形两大类。

→位图图像

(8) 视频文件可以分为两大类：一类是影像文件，另一类是________。

→流式视频文件

(9) RealMedia 包括 RA(RealAudio)、________和 RF(RealFlash)三类文件格式。

→RV(RealVideo)

(10) 在视觉信息的数字化中，静态图像根据它们在计算机中生成的原理不同，分为位图(光栅)图像和________两种。

→矢量图形

3. 简答题

(1) 数字化给多媒体带来什么好处？

数字化给多媒体带来的好处是：数字不仅易于进行加密、压缩等数值运算，还可提高信息的安全性与处理速度，而且抗干扰能力强。

(2) 多媒体技术包括哪些内容？

多媒体技术是一种基于计算机的综合技术，包括数字化信息的处理技术、音频和视频技术、计算机硬件和软件技术、人工智能和模式识别技术、通信和图像处理技术等，因而是一门跨学科的综合技术。

(3) 图形和图像有什么区别？

图形一般是指通过绘图软件绘制的由直线、圆、圆弧、任意曲线等组成的画面，图形文件中存放的是描述生成图形的指令(图形的大小、形状及位置等)，一般是用图形编辑器或者由程序产生，以矢量图形文件形式存储。

图像有两种来源：扫描静态图像和合成静态图像。前者是通过扫描仪、数码照相机等输入设备捕捉的真实场景的画面；后者是通过程序、屏幕截取等方式生成的。数字化后的文件以位图形式存储。图像可以用图像处理软件(如 Photoshop)等进行编辑和处理。

(4) 计算机中的音频处理技术主要包括哪些？

在计算机中的音频处理技术主要包括声音的采集、数字化、压缩和解压缩、播放等。

(5) 视频的处理技术包括哪些内容？

视频的处理技术包括视频信号导入、数字化、压缩和解压缩、视频和音频编辑、特效处理、输出到计算机磁盘、光盘等。

(6) 视频卡的主要功能是什么？其信号源有哪些？

视频卡主要完成视频信号的 A/D 和 D/A 转换及数字视频的压缩和解压缩功能。其信号源可以是摄像头、录放像机、影碟机等。

(7) Photoshop CS4 的菜单栏包括哪些内容？

Photoshop CS4 的菜单栏包括文件、编辑、图像、图层、选择、滤镜、分析、3D、视图、窗口、帮助等。

(8) 视频处理软件会声会影 X3 的主要功能包括哪些？

视频处理软件会声会影 X3 主要功能包括：

① 从各种设备捕获视频和照片；

② 创建美妙绝伦的动态菜单；

③ 上传影片到 YouTube 等；

④ 添加覆叠轨转场和自动交叉淡化；

⑤ 使用多覆叠轨创建复杂的蒙太奇和画中画效果；

⑥ 自动摇动和缩放；

⑦ 完美的杜比数码 5.1 环绕立体声音响效果；

⑧ 在视频上绘图或编写内容，甚至可以在地图上描绘家庭旅游线路；

⑨ 方便使用帧、Flash 动画；

⑩ 丰富的模板和创新效果滤镜。

(9) 简述多媒体硬件系统的组成。

构成多媒体硬件系统除了需要较高性能的计算机主机硬件外，通常还需要音频、视频处理设备，光盘驱动器，各种媒体输入/输出设备等。例如，摄像机、话筒、录像机、扫描仪、视频卡、声卡、实时压缩和解压缩专用卡、家用控制卡、键盘与触摸屏等。

(10) 多媒体核心软件包括哪些内容？

多媒体核心软件包括多媒体操作系统(multi-media operating system，MMOS)和音/视频支持系统(audio/video support system，AVSS)，或音/视频核心(audio/video kernel，AVK)，或媒体设备驱动程序(medium device driver，MDD)等。

4. 计算题

要在计算机上连续显示分辨率为 1280×1024 的 24 位真彩色高质量的电视图像，按每秒 30 帧计算，显示 1 分钟，则数据量大约为多少？

1280 列×1024 行×3B×30 帧/s×60s≈7.1 GB

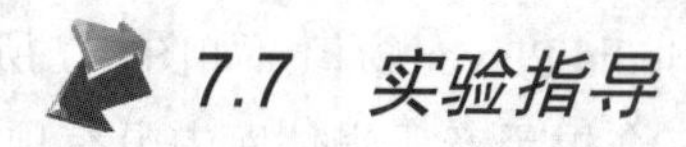

7.7 实验指导

实验 1 Windows 7 Media Player

一、实验目的

(1) Windows 7 Media Player 是 Windows 7 自带的多媒体播放软件，Microsoft Windows Media Player 可以播放和组织计算机及 Internet 上的数字媒体文件。此外，可以使用播放机播放、翻录和刻录 CD，播放 DVD 和 VCD，将音乐、视频和录制的电视节目同步到便携设备(如便携式数字音频播放机、Pocket PC 和便携媒体中心)中。

(2) Windows Media Player 帮助包含与其有关的基本信息。在 Internet 上还有其他一些资源，可以提供特定帮助。

(3) Windows Media Player 在线：包含为初学者量身订做的内容，可以帮助用户使用播放机在任何地方发现、播放和利用数字媒体。

(4) 疑难解答：包含与各种支持资源的链接，这些资源包括常见问题解答 (FAQ) 页和 Windows Media Player 新闻组。

(5) Windows 媒体知识中心：包含展示 Windows Media 工具和技术的书籍、文章、视频和技术文档的全面集合。该知识中心是提供全部播放机信息的一站式信息中心。

二、实验内容

(1) 如何使用 Windows 7 Media Player。

(2) 如何不断地升级 Windows 7 Media Player。

(3) Windows Media Player 的升级下载网站和网页，如图 7-5 所示。

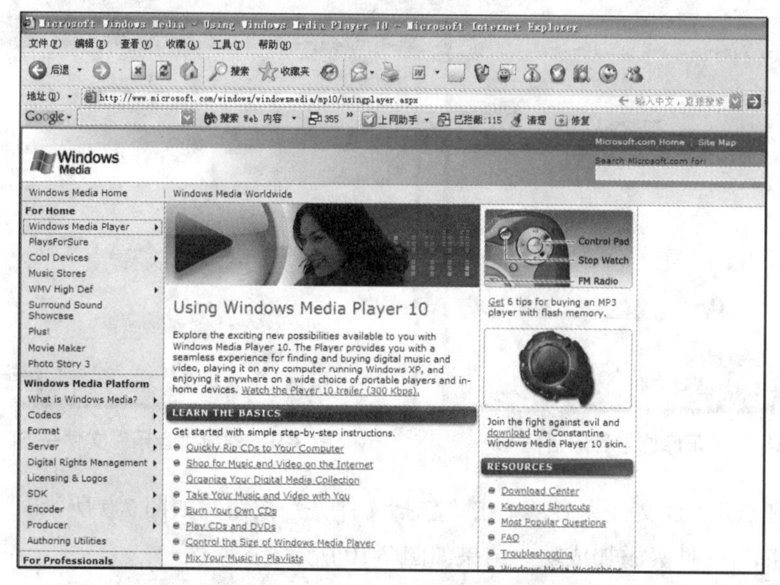

图 7-5 Windows Media Player 的升级网站主页

三、实验步骤

(1) 在“开始”菜单下打开“所有程序”，选择“Windows Media Player”，如图 7-6 所示。

(2) 单击，进入 Windows Media Player 窗口，如图 7-7 所示。在 Windows 7 安装后初次使用 Windows Media Player 时，会提示音乐媒体库中没有项目。

图 7-6　“开始”→“所有程序”

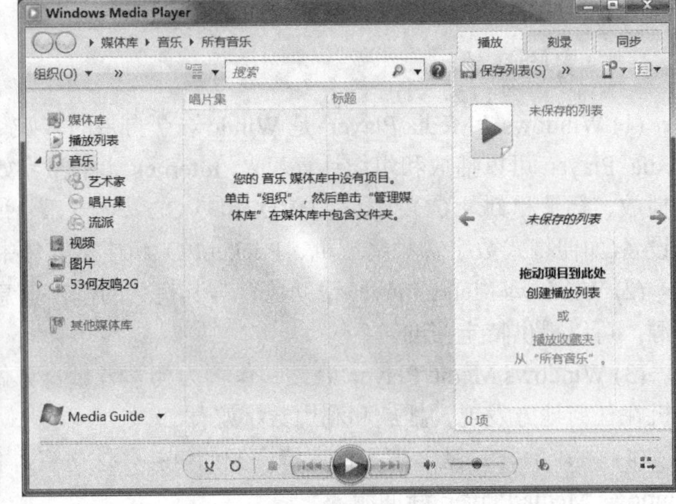

图 7-7　提示音乐媒体库中没有项目

(3) 按提示单击“组织”→“管理媒体库”→“音乐”，弹出“音乐库位置”对话框，如图 7-8 所示。

(4) 单击“添加”按钮，加入音乐文件或音乐文件夹，如图 7-9 所示，这里加入 SOUND 文件夹。

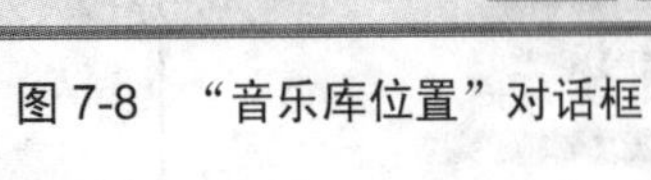

图 7-8　“音乐库位置”对话框

图 7-9　添加“音乐”文件夹 SOUND

(5) 选定 SOUND 文件夹后，单击“包括文件夹”按钮，如图 7-9 所示。

(6) SOUND 文件夹添加成功，结果如图 7-10 所示。

(7) SOUND 文件夹中歌曲项目被打开，现在可以建立播放列表，播放器在屏幕下方出现，如图 7-11 所示。

图 7-10　添加 SOUND 文件夹成功　　　　图 7-11　歌曲项目被打开

(8) 选定歌曲后单击屏幕下方播放器的播放按钮，开始播放歌曲，本案例是在播放周杰伦演唱的《青花瓷》，如图 7-12 所示。

图 7-12　播放周杰伦演唱的《青花瓷》

实验 2　多媒体播放器 RealPlayer 的认识

一、实验目的

(1) 新的播放器有许多变化，一些变化很明显，如新的外观和质感，而一些变化不太明显，如为您提供了更快、更可靠的性能。下面是其中的一些亮点，但是在您亲身体验 RealPlayer 10.5 后您会发现更多精彩。

① 包含 Real 音乐指南的新音乐体验提供了详细的艺术家信息、建议、评论和“最受

欢迎”图表；拖放播放列表可以快速访问最喜欢的音乐，以及使用大而易用的按钮轻松地浏览选择。

② “新功能”选项卡包括了新的音乐和我的媒体库页，让您轻松掌控任务、电台和音乐媒体库，让 RealPlayer 10.5 比以往任何时候更易于使用。

(2) RealPlayer 使用最新的 Harmony 技术支持 AAC 高级音频编码 MPEG Layer 4 音频。

注意：一些服务和功能并非在所有国家和地区均适用。服务和功能在推出时可能会有所不同。

二、实验内容

(1) 下载和安装使用 RealPlayer 播放歌曲和视频信息。

(2) RealPlayer 网站 http://www.real.com 如图 7-13 所示，可以在这里选择下载所需要的版本。

图 7-13　real.com 网站主页

(3) RealPlayer 的音频播放界面如图 7-14 所示。

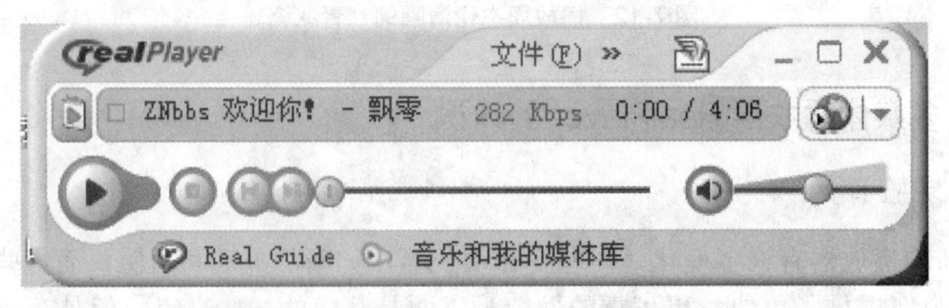

图 7-14　RealPlayer 的音频播放界面(缩小)

(4) RealPlayer 的视频播放界面如图 7-15 所示。

图 7-15　RealPlayer 的视频播放界面

实验 3　Photoshop 文档的基本操作

一、实验目的

(1) 掌握 Photoshop 的启动与退出操作。

(2) 熟悉 Photoshop 的工作界面。

(3) 新建、打开和存储 Photoshop 文档。

(4) 掌握图像编辑的基本操作。

二、实验内容

1. 实验说明

Photoshop 被誉为目前最强大的图像处理软件之一，具有十分强大的图像处理功能。而且，Photoshop 具有广泛的兼容性，采用开放式结构，能够外挂其他的处理软件和图像输入输出设备；支持多种图像格式以及多种色彩模式；提供了强大的选取图像范围的功能；可以对图像进行色调和色彩的调整，使对色相、饱和度、亮度、对比度的调整成为举手之劳；提供了自由驰骋的绘画功能；完善了图层、通道和蒙版功能；强大的滤镜功能等。

在本实验中，我们将介绍 Photoshop 7.0 的常用操作和图像设计制作。我们首先要掌握有关 Photoshop 7.0 文档的基本操作，学会在不同的图像之间进行剪切、复制和粘贴，以及旋转和翻转图像，对图像或图层进行透视变形，通过撤消和恢复的功能还原操作失误的图像。此外，还学习使用填充和描边的功能来编辑图像。

2. Photoshop 的启动与退出

1) Photoshop 的启动

Photoshop 启动的常用方法有如下几种。

(1) 利用“开始”菜单启动。

单击 Windows 7 窗口底部任务栏上的“开始”按钮，进入“所有程序”菜单，打开 Photoshop，窗口如图 7-16 所示。

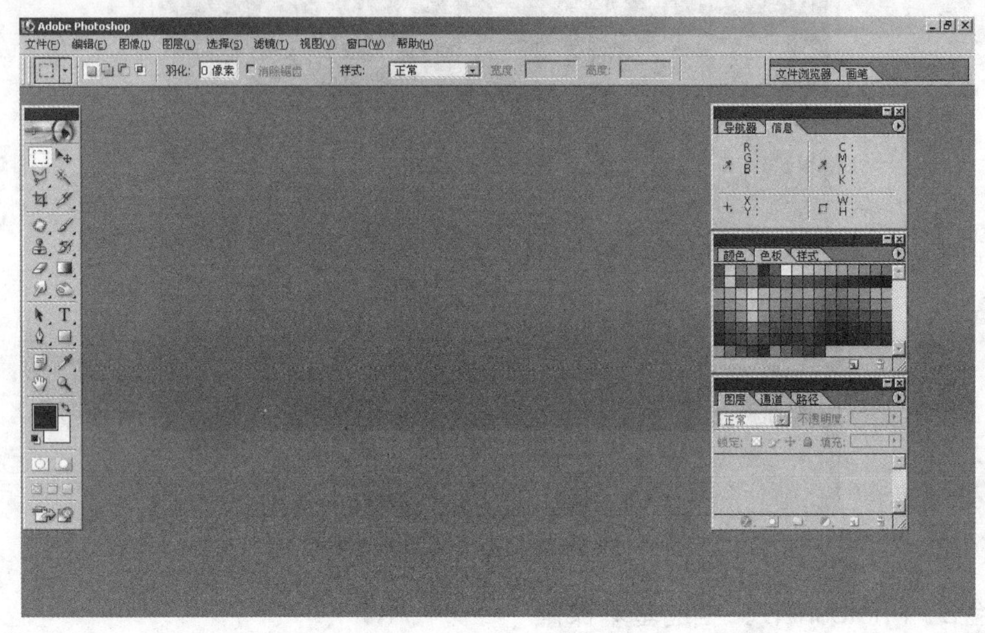

图 7-16 Photoshop 7.0 窗口

(2) 利用“我的电脑”或“资源管理器”窗口启动。

打开“我的电脑”或“资源管理器”窗口，逐层查找到“Adobe”文件夹，打开该文件夹，继续查找“Photoshop.exe”文件，当查找到该文件时，用鼠标左键双击它，则启动了 Photoshop。

(3) 利用快捷方式启动。

如果在桌面上已经创建了 Photoshop 的快捷方式，则可用鼠标左键双击该快捷方式图标，启动 Photoshop。

(4) 利用已有的 Photoshop 7.0 文档启动。

如果在计算机上已经存在被保存的 Photoshop 7.0 的文档，则可以通过打开这类 Photoshop 文档来自动启动 Photoshop。

2) Photoshop 的退出

(1) 单击 Photoshop 窗口中的“文件”菜单，在弹出的下拉菜单中单击“退出”命令。

(2) 单击 Photoshop 窗口中的标题栏右侧的关闭按钮，即☒图标。

(3) 单击 Photoshop 窗口中的标题栏最左侧的系统控制菜单图标，在产生的下拉菜单中单击“关闭”命令，或者双击系统控制菜单图标，即可退出 Photoshop。

(4) 直接按下组合键 Alt+F4，可退出 Photoshop。

3. Photoshop 的工具箱

工具箱是 Photoshop 的强力武器，随着 Photoshop 版本的不断提高，工具箱的工具都有很大的调整。工具越来越多，操作越来越简洁，功能却不断提高。

工具箱中的各个工具的功能如图 7-17 所示。

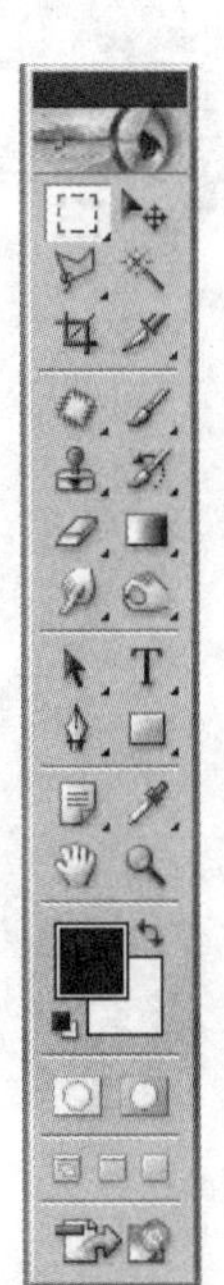

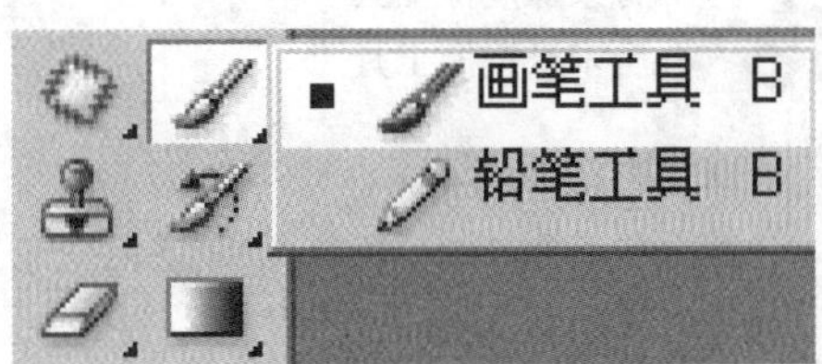

工具图标右下角有一个黑三角形，表明这些工具后面还有一些隐藏工具。

选定某个工具后，在编辑窗口上方工具属性栏中将显示该工具的属性设置

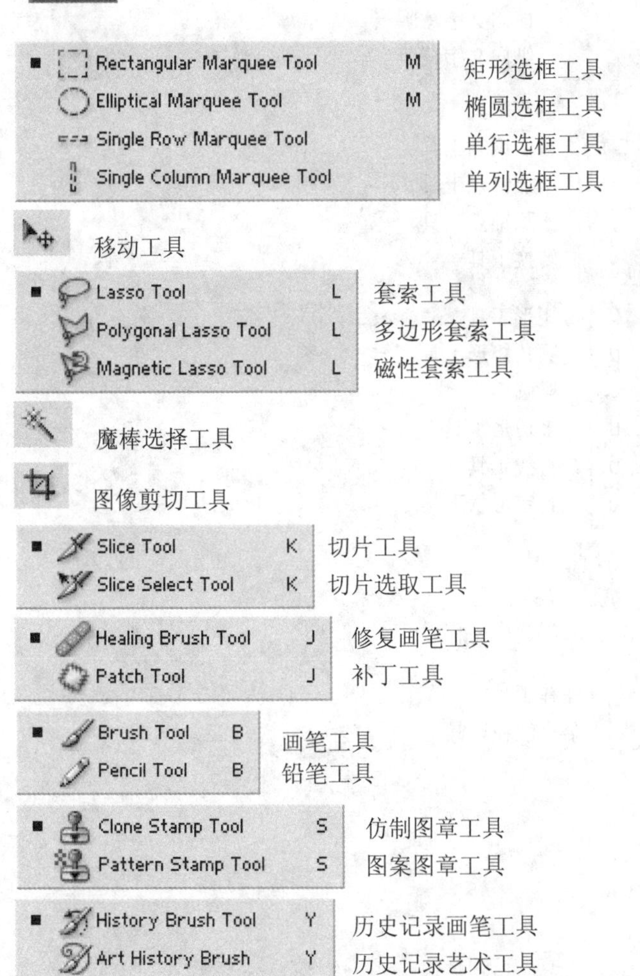

图 7-17　工具箱的工具介绍

工具	快捷键	说明
■ Eraser Tool	E	橡皮擦工具
Background Eraser Tool	E	背景橡皮擦工具
Magic Eraser Tool	E	魔术橡皮擦工具
Gradient Tool	G	渐变工具
■ Paint Bucket Tool	G	油漆桶工具
■ Blur Tool	R	模糊工具
Sharpen Tool	R	锐化工具
Smudge Tool	R	涂抹工具
■ Dodge Tool	O	减淡工具
Burn Tool	O	加深工具
Sponge Tool	O	海绵工具
■ Path Selection Tool	A	路径组件选取工具
Direct Selection Tool	A	路径直接选择工具
■ Horizontal Type Tool	T	横向文字工具
Vertical Type Tool	T	纵向文字工具
Horizontal Type Mask Tool	T	横向文字蒙版
Vertical Type Mask Tool	T	纵向文字蒙版
■ Pen Tool	P	钢笔工具
Freeform Pen Tool	P	自由钢笔工具
Add Anchor Point Tool		添加锚点工具
Delete Anchor Point Tool		删除锚点工具
Convert Point Tool		转换工具
Rectangle Tool	U	矩形工具
Rounded Rectangle Tool	U	圆角矩形工具
Ellipse Tool	U	椭圆工具
Polygon Tool	U	多边形工具
Line Tool	U	直线工具
■ Custom Shape Tool	U	自定形状工具
■ Eyedropper Tool	I	吸管工具
Color Sampler Tool	I	颜色取样工具
Measure Tool	I	度量工具
■ Notes Tool	N	注释工具
Audio Annotation Tool	N	语音注释工具
		抓手工具
		显示缩放工具
		设置前景色/背景色

续图 7-17

4. 新建空白文档

要在 Photoshop 中新建文件，可以选择菜单栏中的“文件”→“新建”命令或者按 Ctrl+N 快捷键，出现“新建”对话框，如图 7-18 所示。

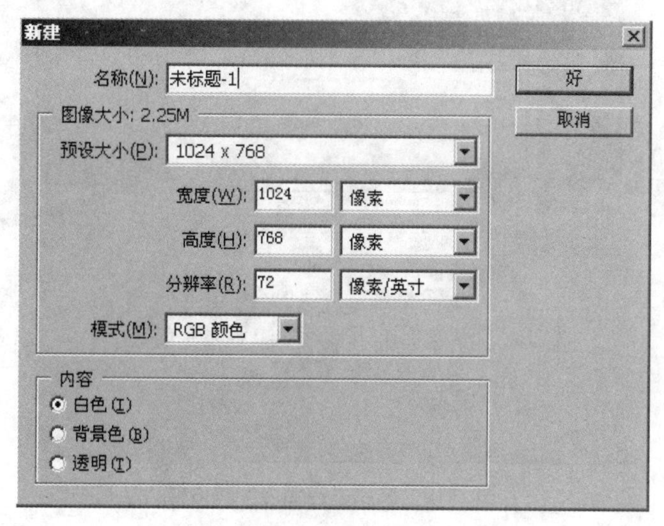

图 7-18 “新建”对话框

5. 打开 Photoshop 文档

1) 打开文档

如果需要按原有格式打开一个已经存在的 Photoshop 文件，可以选择“文件”→“打开”命令(对应的快捷键是 Ctrl+O)，弹出打开文件对话框，文件名是目标文件，文件类型是 Photoshop 能打开的文件类型。

按住 Ctrl 键可以选定多个文件打开，按住 Shift 键可以选定多个连续文件打开。

2) 打开为

在 Photoshop 中，用户不仅可以按照原有格式打开一个图像文件，还可以按照其他格式打开该文件。选择“文件”→“打开为”命令(对应的快捷键是 Shift+Ctrl+O)，指定需要的格式，并从中选择需要打开的文件名，然后单击“打开”按钮即可。

3) 最近打开文件

选择“文件”→“最近打开文件”命令，可以弹出最近打开过的文件列表，直接选取需要的文件名即可打开。

6. 文档的存储

1) 存储

保存文件时只要选择“文件”→“存储”命令(对应的快捷键是 Ctrl+S)即可。该命令将会把编辑过的文件以原路径、原文件名、原文件格式存入磁盘中，并覆盖原始的文件。用户在使用存储命令时要特别小心，否则可能会丢掉原文件。如果是第一次保存则弹出“存储为”对话框，只要给出文件名即可。

2) 存储为

选择“文件”→“存储为”命令(对应的快捷键是 Shift+Ctrl+S)即可打开如图 7-19 所示的对话框。在该对话框中，可以将修改过的文件重新命名、改变路径、改换格式，然后再保存，这样不会覆盖原始文件。

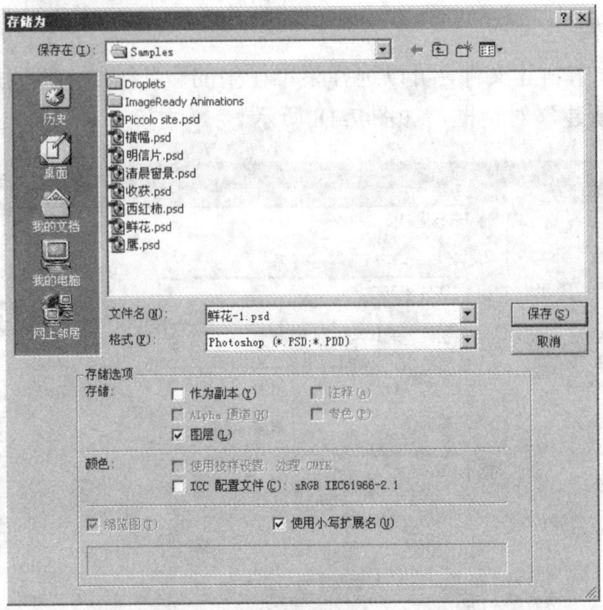

图 7-19　文档“存储为”对话框

7. 图像编辑的基本操作

1) 区域选择

下面以选框为例说明区域选择方法，其他工具使用方法类似。

矩形选框按钮为，它可以用鼠标在图层上拉出矩形选框。椭圆选框按钮为，其选项栏与矩形选框大致相同。

先单击，鼠标在画面上变为“+”字形，用鼠标在图像中拖动画出一个矩形，即为选中的区域。

单击矩形选框工具时，会出现其选项栏。矩形选框工具的选项栏分为三部分：修改方式、羽化与消除锯齿和样式，如图 7-20 所示。

图 7-20　选框工具选项栏

(1) 四种选区修改方式。

正常的选择：去掉旧的区域，重新选择新的区域，这是缺省方式。

合并选择：在旧的选择区域基础上，增加新的选择区域，形成最终的选择区。也可以按 Shift 键后，再用鼠标框出需要加入的区域。

减去选择：在旧的选择区域中，减去新的选择区域与旧的选择区域相交的部分，形成最终的选择区。也可以按 Alt 键后，再用鼠标框出需要减去的区域。

相交选择：新的选择区域与旧的选择区域相交的部分为最终的选择区域。

(2) 羽化选择区域。

如果需要选择羽化的区域，需先设定羽化的数值，再选择区域。

羽化可以消除选择区域的正常硬边界并对其柔化，也就是使边界产生一个过渡段，其取值在 1～250 像素之间。

选框工具选项栏中的选区修改方式和羽化选择区域对于其他选择工具(如套索、魔棒等)

也适用。

如果要编辑选择区域外的内容，必须先取消该区域的选取状态。取消选取区域只需要用任何一种选取工具单击选取区域以外的任何地方，或者点鼠标右键选择“取消选择”。

2) 剪切、拷贝和粘贴

剪切、拷贝和粘贴等命令和其他 Windows 软件中的命令基本相同，它们的用法也基本一样。执行剪切、拷贝命令时，需要先选择操作区域。

执行“编辑”→“拷贝”命令或者按下 Ctrl+C 组合键复制选择区域中的图像，执行拷贝命令后，Photoshop 会在不影响原图像的情况下，将复制的内容放到 Windows 的剪贴板中，用户可以多次粘贴使用，当重新执行拷贝命令或执行了剪切命令后，剪贴板中的内容才会被更新。

打开要向其粘贴的图像，然后执行“编辑”→“粘贴”命令或按下 Ctrl+V 组合键粘贴剪贴板中的图像内容。

在 Photoshop 中进行剪切图像与复制一样简单，只需执行“编辑”→“剪切”命令或按 Ctrl+X 组合键即可。但要注意，剪切是将选取范围内的图像剪切掉，并放入剪贴板中。所以，剪切区域内图像会消失，并填入背景色颜色。

在文档中粘贴图像以后，在图层面板中会自动出现一个新层，其名称会自动命名，并且粘贴后的图层会成为当前作用的层。

在“编辑”菜单中还提供了两个命令合并拷贝和粘贴入。这两个命令也是用于复制和粘贴的操作，但是它们不同于拷贝和粘贴命令，其功能如下。

合并拷贝：该命令用于复制图像中的所有层，即在不影响原图像的情况下，将选取范围内的所有层均复制并放入剪贴板中。否则，此命令不能使用。

粘贴入：使用该命令之前，必须先选取一个范围。当执行粘贴入命令后，粘贴的图像将只显示在选取范围之内。使用该命令经常能够得到一些意想不到的效果。 执行“编辑”→“粘贴入”命令或按下 Ctrl+Shift+V 快捷键，可以看到粘贴图像后，同样会产生一个新层，并用遮蔽的方式将选取范围以外的区域盖住，但并非将该内容删除。

3) 移动图像

图像中的内容，常常需要移动以调整位置。通常使用的移动图像的方法是用工具箱中的移动工具进行移动。

首先，在工具箱中单击选中移动工具并确保选中当前要移动的层，然后移动鼠标至图像窗口中，在要移动的物体上按下鼠标拖动即可。若移动的对象是层，则将该层设为作用层即可进行移动，而不需先选取范围；若移动的对象是图像中某一块区域，那么，必须在移动前先选取范围，然后再使用移动工具进行移动。

4) 清除图像

清除图像时，必须先选取范围，指定清除的图像内容，然后执行“编辑”→“清除”命令或按下 Delete 键即可，删除后的图像会呈现下一图层图像，如果是背景层的内容被删除，则填入背景色颜色。

不管是剪切、复制，还是删除，都可以配合使用羽化的功能，先对选取范围进行羽化操作，然后进行剪切、复制或清除。

5) 旋转和翻转图像

对局部的图像进行旋转和翻转，首先要选取一个范围，然后执行“编辑”→“变换”

子菜单中的旋转和翻转命令。

对整个图像进行旋转和翻转主要通过“编辑”→“旋转画布”子菜单中的命令来完成。执行这些命令之前，用户不需要选取范围，直接就可以使用。

局部旋转、翻转图像与旋转、翻转整个图像不同，前者只对当前作用层有效。

6) 图像变换

图像的变换操作包括缩放、旋转、斜切、扭曲、透视等 5 种不同的变形操作命令。

进行图像变换前，首先选择需要进行变化的区域，如果不做选择的话，则对整个图层的图像进行变换。然后执行“编辑”→“变换”子菜单中的命令就可以完成指定的变形操作。

7) 撤消和恢复

和其他应用软件一样，Photoshop 也提供了“撤消”与“恢复”命令，但是 Photoshop 的“撤消”与“恢复”命令只能对前一次操作进行处理。对应“撤消”与“恢复”命令，在 Photoshop 的编辑菜单下对应为“还原”和“返回”。

如果需要撤消多次操作，则可以通过历史记录控制面板完成。

执行“窗口”→“历史记录”命令可显示历史记录面板，该面板由两部分组成，如图 7-21 所示，上半部分显示的是快照的内容，下半部分显示的是编辑图像的所有操作步骤，每个步骤都按操作的先后顺序从上到下排列。单击其中的某一步骤，图像则可以返回到该操作步骤之前的内容。

8) 填充和描边

使用填充命令对选取范围进行填充，是制作图像的一种常用手法。该命令类似于油漆桶工具，可以在指定区域内填入选定的颜色，但与油漆桶工具有所不同，填充命令除了能填充颜色以外，还可以填充图案、快照等。

选取一个范围，然后执行“编辑”→“填充”命令打开“填充”对话框，如图 7-22 所示，设定好图案后，单击“好”按钮进行填充。

执行“编辑”→“描边”命令打开“描边”对话框，如图 7-23 所示，在此可对选择区域设置描边的宽度和颜色。

图 7-21　历史记录面板

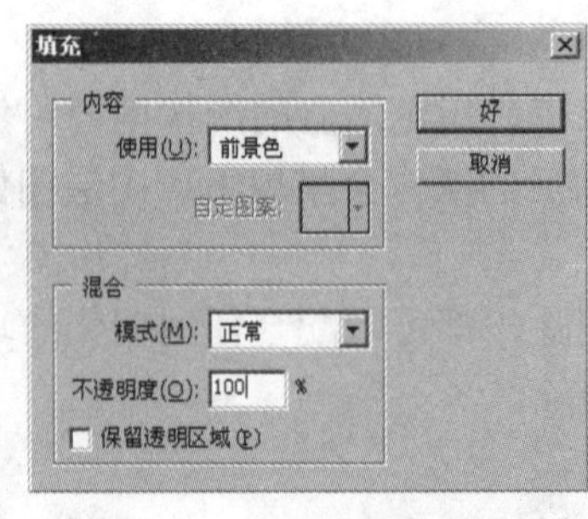

图 7-22　“填充”对话框

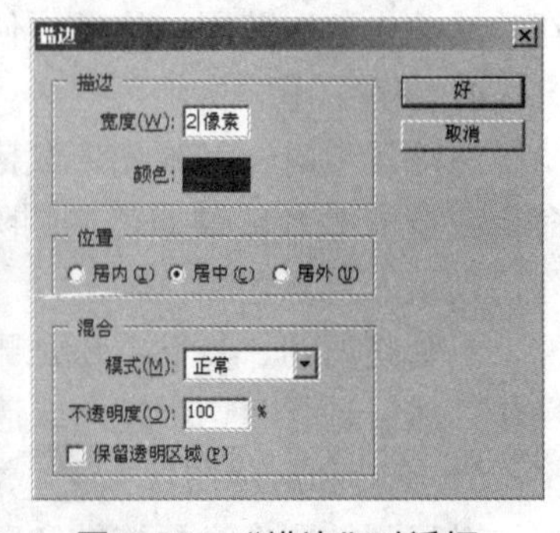

图 7-23　“描边”对话框

实验 4　Photoshop 特效字的制作

一、实验目的

(1) 掌握海绵滤镜、底纹效果滤镜、云彩滤镜的使用方法。

(2) 熟悉图层样式的使用。

(3) 了解色彩调整的使用方法。

二、实验内容

1. 实验说明

Photoshop 的滤镜功能非常强大，可以使图像清晰化、柔化、扭曲、肌理化或者完全转变图像来创作或模拟各种特殊效果。

图层样式工具包含了许多特殊效果，可以自动应用到图层中，例如投影、发光、斜面和浮雕、描边、图案填充等效果。设定图层样式后，再编辑图层时，图层效果会自动更改，而且在该层中添加新的每一个图像实体，都会具有图层的这种效果。

Photoshop 中对图像色彩和色调的控制是图像编辑的关键，它直接关系到图像最后的效果，只有有效地控制图像的色彩和色调，才能制作出高品质的图像。Photoshop 提供了完善的色彩和色调的调整功能，这些功能主要存放在“图像”菜单的“调整”子菜单中，也可以使用图层面板下方的色彩调整图层工具，使用后者时，Photoshop 将对图像进行的色调和色彩的设定单独存放在调节层中，对图像色彩的调整不会破坏性地改变原始图像，增大修改弹性。

通过本实验，我们将掌握海绵滤镜、底纹效果滤镜、云彩滤镜的使用方法，并能够使用图层样式为图层的内容添加特殊效果，同时还将了解和学习色彩调整的使用方法。

2.砖墙的制作

1) 新建文档

(1) 打开 Photoshop 程序，执行“文件”→“新建”命令，在弹出的“新建”对话框中，设定文档的宽度和高度分别为 640 像素和 480 像素，具体设置如图 7-24 所示。

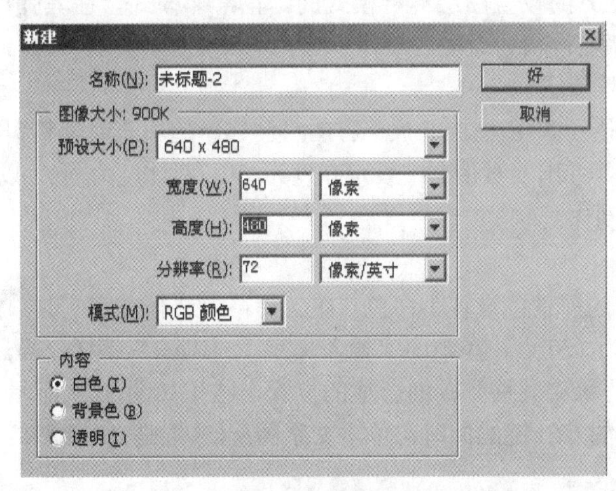

图 7-24　“新建”对话框中的参数设置

(2) 在工具箱中，单击“设置前景色”按钮，在弹出的对话框中将前景色设为 R=90、

G=45、B=45；执行“编辑”→“填充”命令，在弹出的“填充”对话框中设置填充内容使用“前景色”，单击“好”按钮。

2) 设置滤镜效果

(1) 执行“滤镜”→“艺术效果”→“海绵”命令，具体参数设置如图 7-25 所示。

(2) 执行“滤镜”→“艺术效果”→“底纹效果”命令，具体参数设置如图 7-26 所示。

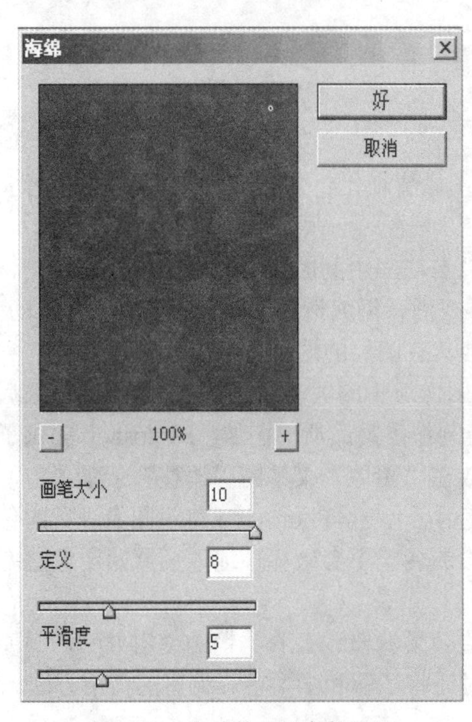

图 7-25 海绵效果的参数设置

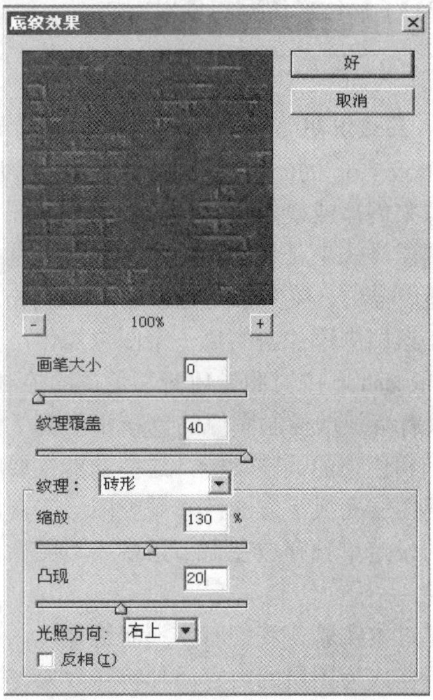

图 7-26 底纹效果的参数设置

(3) 单击图层面板下方的新建图层按钮，新建一个图层。确认前景色 R=90、G=45、B=45，背景色为白色。执行“滤镜”→“渲染”→“云彩”命令。

单击控制面板上方的设置图层混合模式的“正常”模式，在其弹出的菜单中选择“叠加”模式，以让砖墙显得较为斑驳。

3) 设置色彩调整图层

单击“背景”图层，单击图层面板下方的“创建新的填充或调整图层”按钮，选择“亮度/对比度”，在其弹出的对话框中设定亮度为-50，对比度为-40，以营造黑夜砖墙质感。

3. 霓虹灯字的制作

1) 文字制作

(1) 将工具箱中的前景色设置为白色。在工具箱中选择文字工具 T，设置字体为 Arial Black，文字大小设为 120 点，在画面上输入文字“51BAR”字样，当然也可以输入其他文字。然后用移动工具将其移到画面合适的位置，结果如图 7-27 所示。

(2) 按住键盘上的 Ctrl 键的同时，单击文字图层(这里是“51BAR”图层)，以建立文字范围的选择区域。

(3) 确认文字图层处于被选择状态，单击图层面板上方的弹出菜单按钮，在其中选择“删除图层”命令，如图 7-28 所示。在弹出的对话框中，单击“好”按钮。

图 7-27　输入文字后的画面效果

再次单击图层面板上方的弹出菜单按钮，在其中选择“新图层”命令，在弹出的对话框中，单击“好”按钮。

(4) 执行菜单栏中的“选择”→“修改”→“平滑”命令，在弹出的对话框中，将平滑值设为 5，单击“好”按钮。再次执行“选择”→“修改”→“平滑”命令，在弹出的对话框中直接单击“好”按钮。

(5) 将工具箱中的前景色设为白色，执行“编辑”→“填充”命令，在弹出的对话框中，确认填充内容为“前景色”，单击“好”按钮确定。

(6) 执行“选择”→“修改”→“收缩”按钮，在弹出的对话框中，将收缩值设为 5 像素，单击“好”按钮。

单击键盘上的 Delete 键，将文字内部的白色删除，结果如图 7-29 所示。

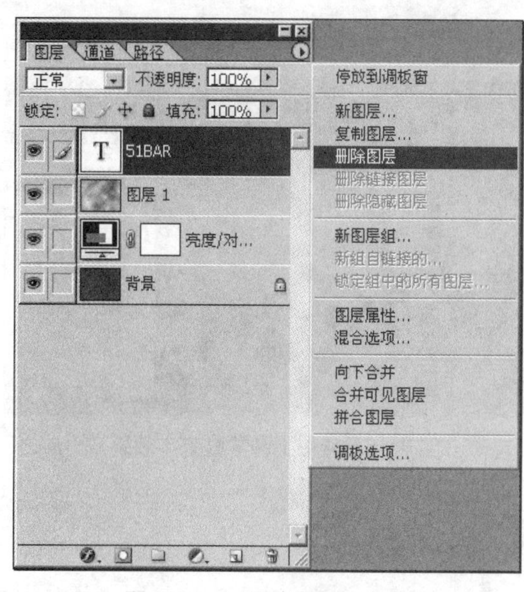

图 7-28　“删除图层”命令

图 7-29　霓虹灯文字

执行“滤镜”→“模糊”→“高斯模糊”命令，在弹出的对话框中设置模糊值为 1.5，单击“好”按钮。

2) 霓虹灯字效果

确认“51BAR”图层被选择，单击图层面板下方的添加图层样式按钮，在弹出的菜单中选择“内发光”，在弹出的“图层样式”对话框中，单击“杂色”下方的颜色块，接着在弹出的“拾色器”对话框中将RGB分别设为170、255、180(浅绿色)，“内发光”的其他参数设置如图7-30所示。

单击“图层样式”对话框左边的“外发光”选择项，然后单击右栏中的“杂色”下方的颜色块，在弹出的“拾色器”对话框中将RGB分别设为10、255、50(绿色)，“外发光”的其他参数设置如图7-31所示。

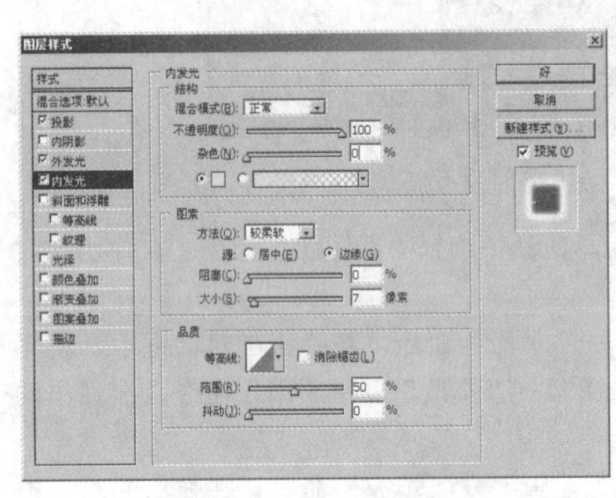

图7-30 内发光参数设置

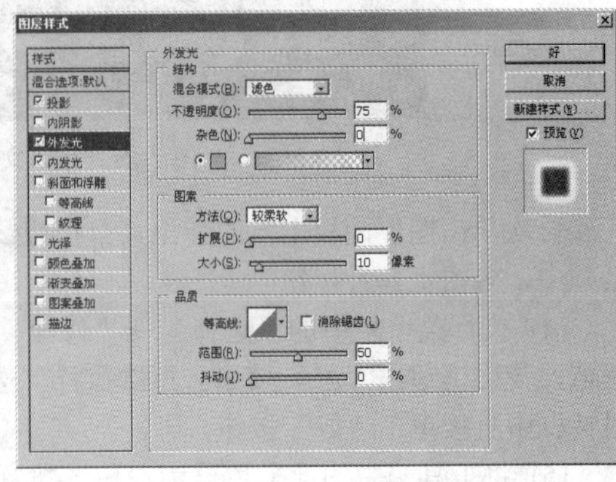

图7-31 外发光参数设置

接着单击“图层样式”对话框左边的“投影”选择项，然后单击右栏中混合模式后面的颜色框，在弹出的“拾色器”对话框中将RGB分别设为0、255、0(绿色)，“投影”的其他参数设置如图7-32所示。

最后的霓虹灯字效果如图7-33所示。

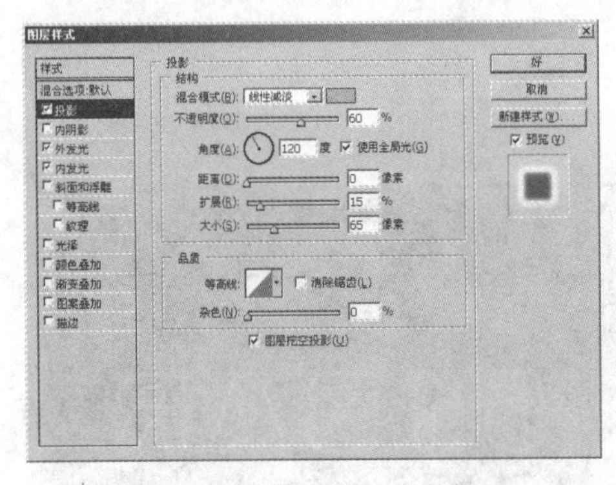

图7-32 投影效果的参数设置

图7-33 砖墙上的霓虹灯字效果

实验5 Photoshop路径工具与图形绘制

一、实验目的

(1) 掌握路径工具的使用方法。
(2) 熟练掌握图层样式的使用方法。

二、实验内容

1. 实验说明

路径是矢量的，路径允许不封闭的开放形状，如果把起点与终点重合绘制就可以得到封闭的路径。

路径由定位点和连接定位点的线段(曲线)构成；每一个定位点还包含了两条引线和两个句柄，引线和点的位置确定曲线段的位置和形状，移动这些元素会改变路径中曲线的形状以精确调整结点及前后线段的曲度，从而匹配想要选择的边界。

通过本实验，我们将掌握路径工具的使用，能够使用路径工具绘制任意的形状，并能够熟练使用图层样式为图层的内容添加特殊效果。

2. 心形路径的制作

(1) 执行菜单栏中的“文件”→“新建”命令新建图像，输入图像名称，设置宽度、高度均为 400 像素，内容为“白色”。

(2) 选择工具箱中的钢笔工具，在工具选项栏选择“路径”模式。依次在图布上选三个锚点，最后一点和起始点重合，使其成为一个倒三角形。选择工具栏中的直接选取工具，通过移动锚点将三角形调节至合适的形状和位置，如图 7-34 所示。

在操作熟练的情况下，可以直接在窗口中用单击画布，鼠标按住不放，并拖动，则可以拖出两条引线和控制句柄，下一个点也如此，这样就可画出任意曲线。

(3) 利用增加锚点工具，在三角形的上边中间增加一个锚点。

选择直接选取工具，向下移动最上端的新增锚点，将图像变成一个多边形。

然后，选择转换工具，将光标位置放到移动后的编辑点上，单击左键使之成为角点。

选择转换工具，将光标位置放到左上方的编辑点上，单击，按住左键并移动，产生曲线，不断调整直到图形为适合的心形线，松开鼠标左键，同样在右上取另外一个锚点进行编辑，使图形成为心形。此时心形路径完成，如图 7-35 所示。

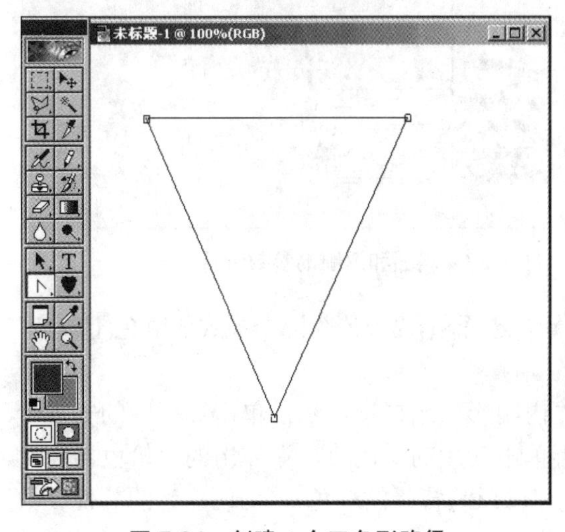

图 7-34　创建一个三角形路径

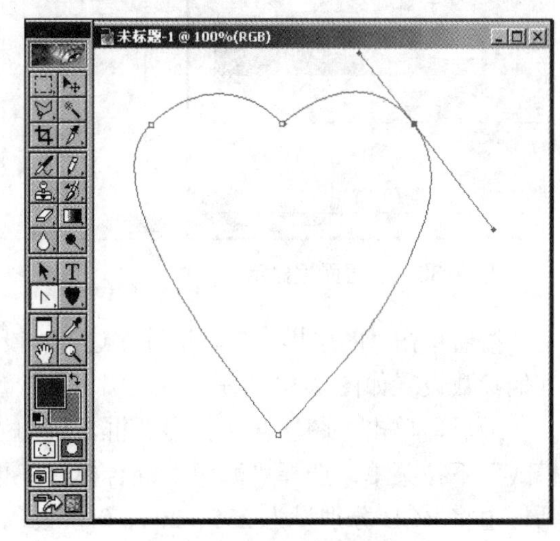

图 7-35　完成的心形路径

(4) 在路径面板中，双击工作路径，命名为 HEART。

3. 水珠效果的制作

(1) 选择“文件”→“打开”命令，打开 C:\Program Files\Adobe\Photoshop 7.0\Samples\鲜花.psd。

(2) 单击图层面板上方的弹出菜单按钮，在其中选择“合并图层”命令，将所有的图层合并为一个图层。

(3) 执行菜单栏中的“选择”→“全选”命令，然后再执行“编辑”→“拷贝”命令，接着单击早先的“未标题-1”文件窗口，执行“编辑”→“粘贴”命令。此时，可以将“鲜花.psd”文件关闭，注意关闭时不要保存文件。

(4) 确认心形路径处于激活状态，也就是在图像上可见。如果没有被激活，就打开路径面板，单击心形路径，然后回到图层面板即可。

(5) 将工具箱中的前景色设为白色，单击图层面板下方的“创建新的填充或调整图层”按钮，选择“纯色”，在弹出的“拾色器”对话框中单击“好”按钮即可。此时，将创建一个填充蒙版图层——颜色填充 1。

将图层面板上方的填充值改为 0%，图层中对象的内部填充将不可见。最后的图层面板显示如图 7-36 所示。

(6) 确定“颜色填充 1”被选择，单击图层面板下方的添加图层样式按钮，在弹出的对话框中选择“斜面和浮雕”。斜面和浮雕的参数设置如图 7-37 所示。

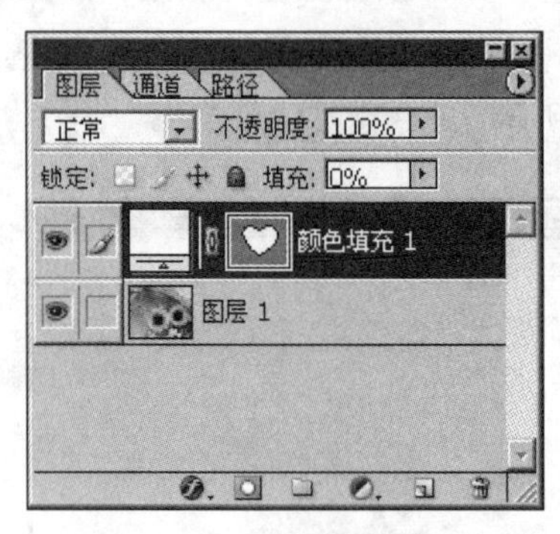

图 7-36 图层面板显示

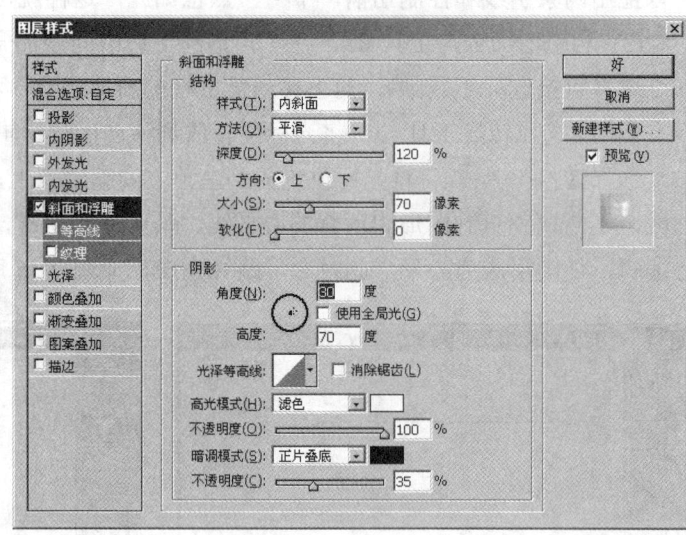

图 7-37 斜面和浮雕的参数设置

接着单击“图层样式”对话框左边的“投影”选择项，“投影”混合模式的颜色不改变，其他参数设置如图 7-38 所示。

最后，单击“图层样式”对话框左边的“内阴影”选择项，然后单击右栏中的“混合模式”下拉菜单，选择“滤色”混合模式，再单击其后的颜色块，在弹出的“拾色器”对话框中将 RGB 分别设为 255、204、0(橙黄色)，以反映背景的颜色。“内阴影”的其他参数设置如图 7-39 所示。

在制作过程中，请注意对照图层样式中的参数设置，其中各效果并没有采用全局光。

最后生成的水珠效果如图 7-40 所示。

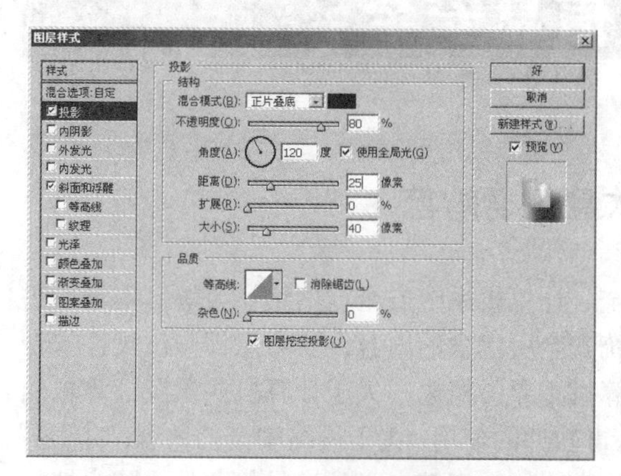

图 7-38　投影效果的参数设置

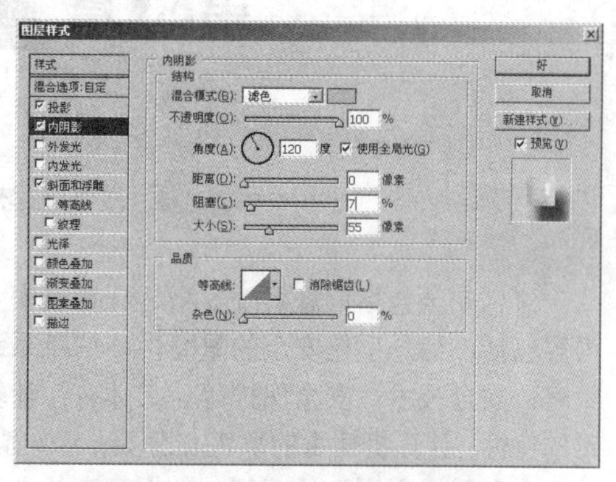

图 7-39　内阴影效果的参数设置

图 7-40　心形水珠效果

第8章 信息安全

8.1 本章主要内容

信息安全包括信息系统安全、计算机安全、计算机系统安全、网络安全等。本章所讲内容包括：信息系统安全的重要性；信息系统安全所包含的内容；安全意识与法规；安全策略；安全技术；安全保护等。具体有：计算机犯罪的概念；关于计算机病毒及计算机病毒的特性；计算机病毒的危害与分类；常见杀毒软件的使用；关于网络安全的内容；“黑客”的概念和对“黑客”的理解；数据加密的主要方式；数字签名必须满足的条件；防火墙的主要功能；软件可靠性及影响软件不可靠的主要因素；软件质量管理的重要性；软件质量管理的发展趋势；正确使用计算机的知识。

我们所处的时代是信息时代，信息系统的安全对于我们很重要。本章讨论和研究计算机信息系统安全，包括计算机信息系统安全的内容、重要性和必要性。

计算机信息系统安全的核心内容是计算机安全。计算机信息系统安全主要包括计算机安全、计算机网络安全和电子商务安全等方面。还有计算机犯罪的特征、类型、方式和基本的防范方法；计算机病毒的产生、分类、特征及危害，如何使用杀毒和防毒软件；系统安全规划与管理，以及计算机人员应具有的社会责任与职业道德规范，了解软件知识产权和国家相关法规。

在当代，信息组成信息系统。计算机信息系统就是平时人们所说的信息系统。

信息系统安全主要包括对计算机犯罪的认识和防范、对计算机病毒的查杀和预防，以及系统安全的规划与管理、当代人应具有的社会责任与职业道德规范，国家的有关法规等。

在信息时代，信息技术快速发展而带来方便的同时，也带来了很多负面作用。为此，本章就如何面对新形势下的新任务，提出了几点常用的解决措施，就是说，人们首先应具有信息安全意识，明确什么是信息安全，以及对当前所遇到的问题(如病毒、版权纠纷等)采取积极有效的策略，如应掌握良好的信息安全技术，了解病毒的产生、特征、类型及传播途径等，这样才能有的放矢地防范各种病毒；同时，应具有良好的法律意识，合理合法地使用他人信息和保护个人知识产权。

8.2 习题解答

1. 名词解释

(1) 计算机安全：

计算机安全是指为数据处理系统而采取的技术的和管理的安全保护，保护计算机硬件、软件、数据不因偶然的或恶意的原因而遭到破坏、更改和泄露。

(2) 计算机病毒：

计算机病毒是指编制或者在计算机程序中插入的破坏计算机功能或者数据，影响计算机使用并且能够自我复制的一组计算机指令或者程序代码。

(3) 计算机犯罪：

计算机犯罪是指一切借助计算机技术或利用暴利、非暴利手段攻击、破坏计算机及网络系统的不法行为。

(4) 文件型病毒：

文件型病毒是传染和隐藏在可执行文件内的一种病毒，它随文件的执行病毒驻留内存。

(5) 加密：

把明文变换成密文的过程叫加密。

(6) 解密：

把密文还原成明文的过程叫解密。

2. 填空题

(1) 计算机安全的内容一般包括________和________两方面。

→物理安全；逻辑安全

(2) 人为地旨在毁坏计算机系统或信息系统而制造的病毒，属于计算机________。

→犯罪

(3) 计算机病毒的主要特性是________。

→传染性

(4) 计算机病毒侵入计算机系统的根本目的是________。

→破坏性

(5) 计算机病毒的隐蔽性有两层含义：一是________的隐蔽性；二是________的隐蔽性。

→寄存；攻击

(6) 计算机病毒一般在一定的________激活并发起攻击。

→激发条件

(7) 计算机病毒最容易感染的文件的扩展名为________和________。

→.com；.exe

(8) 一种在每年 4 月 26 日发作的病毒叫________。

→CIH

(9) 病毒传染模块由________和________组成。

→传染条件判断；实施传染

(10) 计算机病毒按破坏性可分为________和________。

→良性病毒；恶性病毒

3. 单项选择题

(1) 计算机病毒产生的原因是(　　)。

A. 计算机硬件故障　　B. 用户程序有错误

C. 计算机系统软件有错误　　D. 人为制造

D

(2) 计算机病毒是(　　)。

A. 程序　　B. 微生物感染　　C. 电磁污染　　D. 放射线

A

(3) 为了已存有信息的 U 盘不受病毒感染，应采取的措施是(　　)。

A. 不要把它与已有病毒的U盘放在一起
B. 在没有病毒的计算机上使用并在使用前对它查毒杀毒
C. 保持它的清洁
D. 定期对它做格式化处理

B

(4) BOOT型病毒隐藏在(　　)。
A. 磁盘的BOOT区内　　B. 磁盘的根目录
C. COMMAND.COM文件中　　D. AUTOEXEC.BAT文件中

A

(5) 对病毒进行预防的核心是(　　)。
A. 防止病毒进入计算机系统运行　　B. 防止病毒感染硬盘
C. 防止病毒感染光盘　　D. 防止病毒感染操作者

A

(6) 清除病毒时，应做到(　　)。
A. 仅消除内存中的病毒　　B. 仅清除光盘上的病毒
C. 内存和磁盘上的病毒都要清除　　D. 仅消除磁盘上的病毒

C

(7) 整个病毒程序的核心是(　　)。
A. 病毒安装模块　　B. 病毒传染模块
C. 病毒破坏模块　　D. 病毒表现模块

B

(8) 下列(　　)不是计算机病毒产生的。
A. 破坏文件分配表FAT　　B. 在磁盘上制造“坏扇区”
C. 破坏磁盘上的目录文件　　D. 程序中数据类型不匹配

D

(9) 下列不是病毒的迹象的是(　　)。
A. 可执行文件长度发生变化
B. COMMAND.COM文件被修改
C. 屏幕上出现一些无意义的画面
D. 屏幕上出现“Bad Command or filename”

D

(10) 防病毒卡能够(　　)。
A. 自动发现病毒入侵的迹象并提醒操作者或及时阻止病毒的入侵
B. 杜绝病毒对计算机的侵害
C. 自动发现并阻止任何病毒的入侵
D. 自动清除已感染的所有病毒

A

4. 多项选择题

(1) 下列(　　)是计算机病毒的特性。
A. 隐蔽性　　B. 欺骗性　　C. 传染性　　D. 潜伏性

ACD

(2) 下列(　　)是计算机病毒的破坏。

A. 在磁盘上制造“坏扇区”　　B. 降低计算机系统的运行速度

C. 空挂系统，封锁键盘　　D. 建立新的目录或新文件

ABC

(3) 文件型病毒通常感染(　　)。

A. .exe　　B. .txt　　C. bak　　D. .com

AD

(4) 对病毒进行检测时，主要检查(　　)。

A. 内存中是否有病毒　　B. 磁盘上是否有病毒

C. 数据文件是否被拷贝　　D. 是否出现非法操作

AB

(5) 下列(　　)是常见的反病毒软件。

A. QQ　　B. 瑞星　　C. 卡巴斯基　　D. 360SD

BCD

(6) 下列是计算机犯罪的是(　　)。

A. 盗用机时　　B. 利用计算机系统偷窃财物

C. 损坏计算机系统　D. 利用计算机系统进行金融犯罪

ABCD

(7) 下列(　　)迹象表明计算机系统可能感染了病毒。

A. 系统引导时变慢　B. 执行程序的速度明显变慢

C. 经常发生死机　　D. 可执行文件的长度发生了变化

ABCD

(8) 下列(　　)是按病毒连接方式的分类。

A. 文件型病毒　　B. 外壳型病毒

C. 操作系统型病毒　D. 源码型病毒

CD

(9) 下列叙述中，正确的是(　　)。

A. 黑客是指黑色的病毒　　B. 计算机病毒是程序

C. CHI 是一种病毒　D. 防火墙是一种被动式防卫软件技术

BCD

(10) 数字签名通过第三方权威认证中心在网上认证身份。以下不是认证中心的是(　　)。

A. CA　　B. SET　　C. CD　　D. DES

BCD

5. 判断改错

(1) 对一片硬盘上存有文件和数据而且没有病毒，只要加保护卡就不会感染病毒了。(√)

(2) 某逻辑盘上没有可执行文件，则不会感染上病毒。(×)

(3) 当发现病毒时，它们往往已经对计算机系统造成了不同程度的破坏，即使清除了

病毒，受到破坏的内容有时也是不可恢复的。因此，对计算机病毒必须以预防为主。(√)

(4) 禁止在计算机上玩电子游戏，是预防计算机病毒的有效措施之一。(√)

(5) 对重要的程序和数据要经常作备份，以便感染上病毒后能够恢复。(√)

(6) 用杀毒软件将一片硬盘消毒之后，该盘就没有病毒了。(×)

(7) 无论哪一种反病毒软件都能发现或消除所有病毒。(×)

(8) 用 FORMAT 命令对硬盘进行格式化能够清除硬盘上的所有病毒。(×)

(9) 用 FORMAT 命令对 U 盘进行格式化可以清除 U 盘上的所有病毒。(√)

(10) 尽量做到专机专用或安装正版软件，是预防计算机病毒的有效措施。(√)

6. 简答题

(1) 何谓计算机病毒？它有哪些特征？

计算机病毒是指编制或者在计算机程序中插入的破坏计算机功能或者数据，影响计算机使用并且能够自我复制的一组计算机指令或者程序代码。它具有破坏性、传染性、隐蔽性、潜伏性和不可预见性等特点。

(2) 病毒对计算机的破坏有哪些表现？

病毒对计算机系统的破坏主要有以下表现：

① 破坏系统的程序或数据，造成系统运行错误甚至瘫痪。

② 破坏文件分配表 FAT，使用户在磁盘上的信息丢失。

③ 在磁盘上制造“坏扇区”，用来隐蔽病毒程序，使磁盘可用空间变小。

④ 对整个磁盘或特定的磁道或扇区进行格式化。

⑤ 破坏磁盘的目录文件，修改或破坏可执行的程序文件和数据文件。

⑥ 改变内存分配，减少可用的内存空间。

⑦ 修改或破坏系统的中断向量，干扰系统的正常运行。

⑧ 增加无意义的回路，降低系统的运行速度。

⑨ 空挂系统，封锁键盘，使系统必须冷启动。

(3) 计算机病毒的传染途径有哪些？

计算机病毒的传染途径一般有以下三种。

① 通过拷贝传染。无论是正盘拷贝还是单个文件拷贝，只要源盘或源文件带有病毒，那么拷贝后生成的复制盘或复制文件会同样带有病毒。

② 系统运作时传染。若系统已染上病毒，在未运行加写保护的软盘或硬盘上的可执行文件，或用 DOS 命令对文件进行操作时，则这些文件可能被感染病毒。

③ 通过计算机网络传染。在网络上传输带有病毒的数据和程序，或者发送带有病毒的邮件，接收方都会被病毒感染。

(4) 什么是计算机犯罪？表现在哪些方面？

计算机犯罪是指一切借助计算机技术或利用暴利、非暴利手段攻击、破坏计算机及网络系统的不法行为。其表现在窃取财产、窃取机密信息和通过损坏软硬件使合法用户的操作受到阻碍等方面。

(5) 总是有一些病毒用反病毒软件检测不出来，其主要原因是什么？

总是有一些病毒查不出来的主要原因是每种病毒检测软件都有它的局限性，它能检测出的计算机病毒类型都是事先确定的，对于那些不是指定类型特别是新类型的计算机病毒，用某种病毒检测软件是检测不出来的。

(6) 什么叫计算机安全？

计算机安全的定义是：为数据处理系统而采取的技术的和管理的安全保护，保护计算机硬件、软件、数据不因偶然的或恶意的原因而遭到破坏、更改和泄露。

计算机安全的内容一般包括两个方面：物理安全和逻辑安全。物理安全是指系统设备及相关设施受到物理保护，免于破坏、损失等；逻辑安全包括信息的完整性、保密性和可用性。

(7) 试述计算机的不安全性。

冯·诺依曼结构的“存储程序”体系决定了计算机的本性(这也是计算机系统固有的缺陷和遗憾)。很清楚，一个有指令能编程的系统，它的指令的某种组合一定能构成对系统作用的程序，即系统具有产生类似病毒的功能；程序是人们编的，如果掌握这门技术的人员没有高尚的道德品质和责任感，当然就有丢失数据、泄漏机密、产生错误的可能。计算机系统的信息共享性、传递性、信息解释的通用性和计算机网络，为计算机系统的开发应用带来了巨大的便利，同时也使得计算机信息在处理、存储、传输和使用上非常脆弱，很容易受到干扰、滥用、遗漏和丢失，为计算机病毒的广泛传播大开方便之门，为黑客的入侵提供了便利条件，使欺诈、盗窃、泄漏、篡改、冒充、诈骗和破坏等犯罪行为都成为可能。

(8) 计算机系统面临的威胁主要有哪些？

计算机系统所面临的威胁大体可分为两种：一是针对计算机及网络中信息的威胁；二是针对计算机及网络中设备的威胁。如果按威胁的对象、性质则可以细分为四类：第一类是针对硬件实体设施；第二类是针对软件、数据和文档资料；第三类是针对前两者的攻击破坏；第四类是计算机犯罪。

(9) 计算机病毒主要有哪些类型？

按传染方式，计算机病毒分为引导型、文件型和混合型；按连接方式，计算机病毒分为源码型、入侵型、操作系统型和外壳型；按破坏性，计算机病毒可分为良性病毒和恶性病毒；还有网络病毒。

(10) 请使用任一款杀毒软件或其他杀毒工具对计算机具体查毒杀毒，熟悉杀毒软件的使用方法。

这是一个上机实习题，在计算机上直接做即可。

8.3 实验指导

在上机实验中，本章最主要的内容是如何使用杀毒和防毒软件，以及确保信息系统的安全。

学生要对计算机病毒软件有所认识，能安装、下载、调用和运行杀毒软件及安装防火墙。其他如系统安全规划与管理、计算机人员应具有的社会责任与职业道德规范、软件知识产权和国家相关法规、软件质量管理、计算机犯罪等，要结合教材看一些参考书籍。

我们在这里给出以下几个关于计算机信息安全的实验案例。有的是供同学们阅读参考的资料。

实验1　检查计算机系统的安全措施

一、实验目的

(1) 了解计算机系统的安全措施。
(2) 提高对计算机系统安全性的认识。

二、实验内容

(1) 实验说明。在实验室中，对你所用的计算机系统进行了解，查看有哪些安全措施。
(2) 查看有没有查杀计算机病毒的软件。
(3) 查看有没有防火墙。

实验2　杀毒

一、实验目的

(1) 学习某种查杀计算机病毒软件的使用方法。
(2) 了解所发现的计算机病毒的危害性、表现特征等。

二、实验内容

(1) 实验说明。调用你的计算机上安装的计算机杀毒软件，进行查、杀病毒，注意杀毒软件的运行过程和处理结果。

(2) 查看你所用的计算机系统中的杀毒软件。若没有，可从校园网上下载杀毒软件。先进行安装，再实施杀毒。

(3) 记录杀毒过程，特别是对所发现的计算机病毒名要记下来，实验结束后通过查阅资料，了解其危害性、表现特征等。

实验3　对计算机病毒的进一步理解

一、实验目的

(1) 增强对计算机病毒的了解。
(2) 提高对计算机系统安全性的认识。

二、实验内容

(1) 实验说明。请阅读以下资料，增加对计算机病毒和网络威胁的了解。
(2) 在网上查找与计算机病毒有关的文章阅读。

病毒的多样性

今天，“病毒”这个术语已被每位计算机使用者和许多从未使用过计算机的人所熟知。连电视报道和报纸上都有关于最新的病毒流行的详细内容。其实，病毒是个全称性的术语，它涵盖了许多不同类型的恶意程序：传统的病毒、互联网和电子邮件中的蠕虫病毒、木马程序、后门程序以及其他恶意程序。

病毒的危害

无论其形式如何，病毒都是通过复制自身，并几乎总是在不被使用者注意的情况下利用计算机和网络传播的程序。病毒的作用或者效果可能是令人厌烦的、有害的，甚至是犯罪的。病毒可能会使计算机显示屏上出现幽默信息，也可能会清除你计算机上的全部文件，或者窃取并散布机密数据。

对于第一个计算机病毒是出现在20世纪60年代末还是70年代初这个问题人们意见不一。其影响相对有限，道理很简单，那时计算机使用者的数量比今天少太多了。计算机的普及导致病毒几乎变得每日出现，当然偶尔会有些欺骗性的消息。然而，真实的病毒攻击已司空见惯，其后果是严重的，它导致个人和公司相当大的财产损失。

病毒的数量、频率和攻击的速度与日俱增。病毒防护因而成为每位计算机使用者要优先考虑的问题。

何谓黑客?

“黑客”的原意是指对计算机系统的工作原理充满好奇心的计算机使用者，他们进入计算机系统以满足其对知识的渴望。黑客在掌握了进入系统或程序的路径后，通常会为使之运行更高效而做改进。唯一的问题是，黑客通常是背着主人或在未获主人许可的情况下进入计算机系统的。

如今的黑客

术语“黑客”如今是指通过计算机设备和其他手段非法进入系统或获取数据的个人。黑客侵犯的目标既有个人计算机也有大型网络。许多在世界上非常知名的公司和政府机构的网络都曾受到黑客的攻击。

黑 客 攻 击

一旦控制了系统，黑客会因各种目的操纵该计算机。许多黑客运用其技能谋财，如曾有一位黑客从美国花旗银行偷走了1000万美元。黑客也运用他们的技能通过攻击互联网或特殊的网站，向全球传播各种病毒。

与黑客作斗争

许多国家通过立法使黑客攻击受到法律惩罚。惩罚的形式从罚款到长期监禁。一位化名“Gigabyte”的编写病毒程序的女黑客2004年年初被比利时警方抓获，对她的指控是破坏计算机数据。

然而，单靠立法并不能解决全部问题。个人计算机用户可以应用反黑客技术保护自己，这种检测潜在攻击和确保在网上安全冲浪的技术是通过让黑客看不到用户的计算机来实现的。

病毒、黑客及现在的垃圾邮件

仅用短短几年的时间，垃圾邮件就成为一种主要的网络威胁。不请自来的垃圾邮件的内容包括产品、大学学位课程及色情网站信息等。垃圾邮件可能携带攻击性内容，但这并不是最大的问题。它会阻塞邮箱，导致“服务器拒绝”对企业服务器的攻击，并可能传播病毒。

阻止垃圾邮件潮

对于如何阻止垃圾邮件，人们提出了各种解决方案和工具，包括对黑名单的制约规则和反垃圾邮件过滤器。世界上很多国家的政府也将对反垃圾邮件的立法工作提上日程，尽管该法律的实施是个令人头疼的问题。黑名单需要有效地公布出来，而一旦公布，就会被垃圾邮件的制造者利用，他们可简单地停用上了黑名单的地址，并像以前一样继续作恶。

软件解决方案

使用有效的语言学反垃圾邮件工具意味着保护用户的计算机或网络免受很多垃圾信息的骚扰。很多软件公司开发出了先进的启发式语言学分析工具，可从用户的信件中识别出和滤除垃圾邮件。

实验 4　访问反病毒网站

一、实验目的

(1) 在 Internet 上浏览卡巴斯基(Kaspersky)反病毒网站，了解该公司及其反病毒软件的情况。

(2) 提高对计算机系统安全性的认识。

二、实验内容

在网上搜索和查找某些优秀的查杀病毒的软件和相应的生产公司，了解相关内容。

如卡巴斯基反病毒软件是目前较为优秀的一种查杀病毒软件。请上网站 http://www.kaspersky.com.cn 进行浏览。

上瑞星公司反病毒网站主页 http://www.rising.com.cn 进行浏览。

实验 5　对当今信息安全的进一步理解

一、实验目的

(1) 增强对当今信息安全的理解。

(2) 提高对计算机系统安全性的认识。

二、实验内容

对以下阅读资料发表自己的感想，同时在网上搜索信息安全的有关资料并阅读，写一篇信息安全的论文。

“9 • 11”事件之后发表于《全球科技经济瞭望》2003 年第 6 期上的《美国人对信息与安全问题的思考》一文，我们可以参考阅读，增强对信息安全重要性的进一步理解。

“9 • 11”事件刺疼了美国人、震惊了世界，由此在全球范围内拉开了反恐战争的序幕。美国人从这一触目惊心的事件中认识到，美国本土已成为恐怖分子实施大规模袭击的潜在战场，国家安全的地理界限改变了，传统意义上的国家安全观念混乱了，常规的保卫国家安全的手段不足以解决问题了，一定要从新的角度来考虑和解决国家安全问题。2002 年 11 月布什总统签署法令成立国土安全部，配备 17 万名员工负责保护美国免遭恐怖袭击。这毕竟是组织结构上的一个措施。到底应该从何入手解决免遭恐怖袭击和保护国土安全的问题呢？美国上上下下都在思考着这个问题。

2002 年 4 月，在马克尔基金会的策划和资助下，来自美国信息技术、公民自由法律和国家安全领域的 44 名专家组成了一支“信息时代国家安全工作队”，经过 6 个多月的紧张工作，完成了一份 173 页的研究报告，题为《信息时代保护美国的自由》。之所以选择这个题目，是由于专家们认为信息和信息处理对于国家安全来说相当于大脑对于人体的作用，但美国一贯标榜自己是个自由国家，不能限制个人的自由，另一方面，要保卫国家安全，尤其是在恐怖主义猖獗的新形势下加强安全措施，又不得不对个人的信息进行收集和掌控。这就牵涉到法律、政策、方法、手段等诸多问题。开展这项研究并不是受美国政府的委托，美国政府也没有正式参与，但是政府里的高官对该研究报告的评价是：给人留下了深刻印象的这伙人确实提出了要害问题，并且以充分的理由提供了第一份答卷。

这份研究报告提出了一个鲜明的观点：许多美国人都认为技术是美国军事和经济实力之源，因此在面对需要解决的许多本质问题时往往一味地寻求技术方案。实际上美国的技术成就(包括在武器、经济和科学方面)只是美国社会力量的一种反映。美国社会逐步演化、发展并组织到如今的地步，足以释放和激励人们的创新精神。虽然保护国家安全需要技术，但是一个成功的国家情报和信息战略应该组织民众走创新的道路。

布什总统在关于国土安全的国家战略中列出了三项目标：①在美国国内防止恐怖分子袭击；②减少美国在恐怖主义面前的薄弱环节；③受到恐怖袭击后将损失减至最小并尽可能恢复。而获取和使用信息的方法将决定能在多大程度上实现这些目标。

该研究报告的着眼点放在建立一个全国范围的网络化的国土安全社会，并为此构思了新一代国家安全基础设施的要素。真正的挑战不局限于收集和分享信息，而在于有效地使用信息，对收集到的信息加以有效合理地分析，采用迎刃而解的技术来支持从紧急情况现场人员直至总统的最终用户。

目前的状况是，各个机构都为其自身信息系统的现代化投入了不少钱，但是在联邦机构之间如何分享信息和情报的问题上，几乎没有进行任何投入。首都作为国内外信息和情报汇集的中心，其地位当然是十分重要的。但是国土安全的前线绝大部分是在首都以外。恐怖分子袭击的目标通常是由当地人来保护的。首都只能是一个大网络中许多节点当中的一个关键节点。如何把散布在各地的分析家和工作人员的力量集中到一个具体问题上开展工作才是真实的挑战。

构成当今信息社会的三大技术支柱是计算、通信和数据存储。近50年来，这三项技术的能力有了突飞猛进的发展。美国与因特网连接的主机已超过 1.5 亿台，分析能力也相应地大为提高。在如此广泛和深入的连接状态下，通过网络传输文字、金钱等信息简直就是点指之劳。随之而来的是对国家安全的威胁也呈现出分散化、网络化和动态的特点。

传统的通信网络是等级森严的，信息流通通常是自上而下的。随着社会相互连接得越来越紧密，通信网络也进化了。新型的通信网络趋向于建立在平等的基础上，在一个信息区域或跨信息区域的个体用户之间形成动态的连接，其参与形式是多种多样的，各自起的作用也不同。在国家安全基础设施的框架内，地方警察、州里的卫生官员、国家情报分析人员都是这个网络中的重要成员。公安、交通、卫生、农业、能源等领域都可以在一个网络里展开集体行动，组成虚拟的特殊工作组，为一项专门的任务动员起来，而不需要一个中央管理员来协调相互之间的关系。这样各方面的人员就可以在各自的岗位上服务于国家安全的总体目标。当今面临的问题是全球性的多方位的，解决的办法可能存在于散布在各地的成千上万的警察、医生、消防队员、士兵、急救人员等之中。让地方人员发挥作用可能会更加奏效。犹他州冬季奥运会安全保卫部、加利福尼亚州反恐信息中心、休斯敦警察局等已经取得了实际经验。他们在现有行业网络的基础上，采用协调、合作和扩展的工作方式，自下而上地形成了“集成式”的，而不是“排烟管道式”的动作模式。这应该被视作一种有益的尝试，运用网络化的信息和分析力量，让更多的特殊实体形成合力。防火墙、信息流的审计监测等技术解决方案也很有帮助。美国现在需要的是在国家首脑的层面上把这些知识和经验运用到建立真正有效的国家安全信息体系当中。

该研究报告提出了建立美国新一代国土安全信息网络的10个要素：①授权给地方，让其能够参与提供、获得、使用和分析数据；②提供经费和协作；③为保护公民自由制定指南和建立保障措施；④消除数据盲点，保证通信的双向交流，不能有“死胡同”；⑤设计一个强大的系统；⑥建设网络分析和最优化的能力；⑦为发展和更新做出规划；⑧加强现有的基础设施；⑨制定网络安全演习方案；⑩创造联接文化，保护国土安全是每一个公民的责任，要把各种组织机构的人凝聚在一起，而不仅仅是把计算机连接起来。

在为了保证国土安全应该做什么样的分析这个问题上，该研究报告强调了两个方面的工作。①广泛搜索，发现薄弱之处。国家安全部门应该思索并排列出最薄弱的潜在目标，以及可能对其实施攻击的最危险的手段。具体方法可以采用推测分析、手段分析、危险性分析等。在这项工作的基础上，就可以制定出掌控个人信息的原则，相当于设立“门坎”。②对已明确的问题进行深究。比如国家安全部门的分析中心要对国内外凡是对美国有潜在危险的个人和团体进行情报的收集，要了解其目的、战略、能力、联络网、支持条件、活动内容、特点、习惯、生活方式、招募人员、侦察、目标选择、后勤、旅行等情况。当把所有的信息联系起来时，就可以产生出更多的结果。要达到这个效果，不必建立一个庞大的数据仓库，关键是分析中心要能够与所需要的数据库连接上，这需要建立专门的知识、系统和中间件。当务之急是怎样更有效地利用政府现有的海量数据和公共数据。

与设置“门坎”相呼应的是建立监控“名单”(俗称“黑名单”)。当把“门坎”和“名单”合在一起使用时，就是很有效的保安行动了。该研究报告以“9•11”劫机犯为例，来说明这种做法的效果，不妨看看。

假设：每个购买飞机票的旅客姓名都与监控“名单”核对。如果“吻合”，即查阅与该人相关的所有可以得到的信息，以识别可能出现的联系(在几秒钟内对多个数据库里的姓名和地址加以核对的软件实际上已经存在)。

实施：2001年8月，Nawaq Alhamzi 和 Khalid Al-Mihdhar 两人购买了美航77航班的机票(撞击五角大楼那架飞机)。他们用的是真实姓名。他们两人的名字那时已经在“名单”上，因为他们在马来西亚参加过恐怖分子的会议，被联邦调查局(FBI)和中央情报局(CIA)认作恐怖嫌疑分子。

这两个人的名字与“名单”对上以后，还只是第一步，这时要开始查验更多的数据。通过查验地址，可以发现 Salem Al-Hazmi(他也买了美航 77 航班的机票)用的是与 Nawaq Alhamzi 同一地址。更重要的是，还可以进一步发现，Mohamed Atta(撞击世贸中心北楼那架飞机的劫机犯)和 Marwan Al-Shehhi (撞击世贸中心南楼那架飞机的劫机犯)与 Khalid Al-Mihdhar 是同一个地址。

这时可以把 Mohamed Atta 也作为恐怖嫌疑分子，把他的电话号码(这是很容易得到的公共信息)加入到“名单”中，由此又可以发现另外5个劫机犯的线索。

在他们尚未登机的这段时间里，可以做进一步的调查，会发现他们参加航校培训的情况或与国外联系的疑点。这样就有可能识破他们的阴谋，防止这一惨剧的发生。

需要提及的是，生物信息技术手段是非常有力的工具。政府数据库中可以留有申请签证或被逮捕过的人的照片、指纹等各种生物统计学方面的数据。在机场安全检查时，把乘客的照片、指纹等数据与数据库里的数据加以对照，即使是使用假证件也蒙骗不了安全系统的这套信息技术。

该研究报告特别指出，制定合适的指导原则对于建立和使用国土安全信息网络至关重要。指导原则要明确规定把一个人列入名单或从名单中删除的条件和程序，收集信息的选项和标准，哪些机构可以使用和怎样使用，一旦发现与“名单”对上号的人时采取什么行动，等等。入网的数据库要有统一的协议和标引，否则难以保证质量，会减低信息技术的效力。另外，这样一个影响面如此深广的网络应该作为一个研究项目来对待，先通过验证，然后才能运用到实际当中，而且指导原则要由总统来发布，以保证所有的机构都能参与、共享和执行。

这份研究报告还指出，美国政府机构一直在努力得到和使用更先进的信息技术，但进度缓慢。究其原因，主要包括：过于僵硬的采购制度；官僚机构的惰性和阻力；政府职员对技能和知识的欠缺；跟不上信息技术进步的步伐，主观主义做出的计划；为采用信息技术所拨经费的不足(尤其是用于机构之间合作的经费)；私营部门的专家不愿意与政府合作，因为他们看到政府里明显的僵化、侵权、潜在的责任不清，还有一些大的项目并未取得计划当中的结果。该研究报告针对这些问题向美国政府提出了改进的建议。

这份研究报告代表了美国当前研究信息与安全问题的最新成果，提出了一个值得深思的题目，即技术本身并不能作为万能的灵丹妙药，如果能够科学地进行运筹和管理的话，可以省钱、省力、省时、高效、优质、快捷地达到预期目的，实现所追求的目标。否则的话，可能会适得其反。

还有一件值得重视的事情就是美国总统布什于 2002 年 7 月签署了《国家安全总统令第 16 号》，命令美国政府研究制定出向敌人的计算机网络发动网络战争的指挥原则。其指导思想是在将来战争中，用网络武器神不知鬼不觉地渗透到敌方计算机系统里，代替炸弹，以更为迅速和不付出流血代价的方式打击敌方目标，例如关闭雷达、摧毁电子设备、破坏电话通信等。美国总统网络安全特别顾问声称美国已具有这种能力，已成立了这种组织，只是缺少一个周密的指挥战略和程序。美军将领说要把网络武器作为美军武库中的一个必要部分，并培养网络军事家。由此可见，美国对信息与安全的考虑并不只是防卫性的，而是进攻性的，一旦需要，会采取他们惯用的“先发制人”的手段。

实验 6　文件的存储结构及文件系统知识

一、实验目的

(1) 了解计算机文件。

(2) 计算机中的文件是信息安全的主要保护对象。

二、实验内容

(1) 学习和掌握文件的存储结构及文件系统知识。

(2) 关于文件的存储结构。

文件的物理结构——文件在外存上如何存放以及与逻辑结构的关系，我们要有所了解。

在外存储器系统中，文件被存放之前需要通过一定的格式化处理。而格式化处理涉及以下知识。

按文件的不同的物理存储方法，文件有连续存储、串连(链式)存储、索引存储等结构。

关于磁盘上的磁道、扇区和簇：

簇(cluster)——几个相邻的磁道和扇区组成扇区组；

不同规格的磁盘，技术规范不同，簇的扇区数也不同；

在存储结构上，把一个扇区或一个簇当作一个存储单位；

一个文件可以使用一个或多个扇区或簇；

一个扇区或簇被一个文件存放了数据，哪怕存放了一位数据，这个扇区或簇就被标记为全部被这个文件所使用。

系统提供的文件大小和存储空间是不同的，一般情况下总是存储空间大于文件的实际大小。什么原因呢？

先讲存储器的物理区块。

物理区块划分越小，存储器的使用率就越高；而划分得越细，管理这种划分需要的开销就越大。

1. 关于 FAT 系统

不同的文件系统有不同的存储结构。

MS 文件系统存储结构有：

FAT12

FAT16

FAT32

NTFS

FAT——file allocation table，即文件分配表。操作系统通过建立文件分配表 FAT，记录磁盘上的每一个簇是否存放数据。

三种 FAT 代表所支持的不同容量的磁盘。

FAT12：磁盘容量在 16 MB 以下。

FAT16：支持 16 MB 到 2 GB 的磁盘。Windows NT 及更高版本，支持 4 GB 磁盘。

FAT32：支持 512 MB 到 2 TB(2000 GB)的磁盘空间，也就是支持大容量磁盘(LBA)。

FAT 特点：

小存储系统，系统开销小，系统损坏有可能被恢复；

大容量系统，分区数目增加，性能迅速下降。

2. HPFS 和 NTFS 系统

(1) HPFS 即 high performance file system，IBM 设计，曾被 Windows 3.1、Windows NT 所使用。

HPFS 保留了 FAT 的目录组织，增加了基于文件名的自动目录排序功能，文件名扩展到最多可为 254 个双字节字符。

HPFS 的簇改为一个物理扇区(512 B)，最适用于 200～400 MB 范围的磁盘。

(2) NTFS 即 new technology file system，微软首次使用内建的 NT 文件系统，Windows 高版本推荐使用 NTFS，也保留了 FAT16 和 FAT32 系统，供用户安装时选择。

DOS 和先前版本的 Windows 使用的是 FAT。

NTFS 支持 FTA 结构。

NTFS 支持磁盘 16 EB(264 B，17 119 869 184 TB)，而人类能够说出的所有词汇大约为 5 EB。

NTFS 不必存 C 盘：系统可存在 NTFS 盘的任何物理位置——意味着任何磁道损坏都不会导致整个磁盘不可用。

用扩展 FAT 表即 MFT，main file table。

NTFS 不具备自动修复功能。

Windows 2000 以后，NTFS 提供了一个使用 USN(update series number)日志和还原点来检查文件系统的一致性，可以将系统恢复到一个设置的时间点。

NTFS 有文件加密、文件夹和文件权限、磁盘配额和压缩等功能。

文件系统的安全是一个被大多数用户关心而又容易被忽视的问题，比起机器硬件，文件和数据的破坏更加糟糕！

无论是什么原因导致文件系统损坏，恢复全部信息不但困难而且费时，大多数情况下往往是不可能的。

保护文件系统——使用密码、存取权限以及建立更复杂的保护模型等，而备份是最佳方法。

系统常用的数据安全技术一般是 RAID。

参 考 文 献

[1] 何友鸣. 大学计算机基础实践教程[M]. 北京：人民邮电出版社，2010.
[2] 刘腾红，王少波，范爱萍. 大学计算机基础实验指导[M]. 3 版. 北京：清华大学出版社，2013.
[3] 刘腾红，何友鸣，等. 计算机应用基础学习指导[M]. 北京：中国财政经济出版社，2005.
[4] 刘腾红，何友鸣，等. 大学计算机基础实验指导[M]. 北京：清华大学出版社，2007.
[5] 刘腾红，何友鸣，等. 计算机应用基础实验指导[M]. 北京：清华大学出版社，2009.
[6] 王瑛淑雅，舒望皎. 大学计算机应用基础教程实验指导[M]. 成都：四川大学出版社，2012.
[7] 马志强. 大学计算机基础实验教程[M]. 北京：科学出版社，2012.